DU DRAINAGE.

QUELQUES NOTES

SUR LE

DRAINAGE

ET

RÉSUMÉ D'UN COURS

POUR LES AGENTS DES PONTS-ET-CHAUSSÉES

ET LES CULTIVATEURS

DU DÉPARTEMENT DE L'YONNE

Par M. HERNOUX, Ingénieur en chef.

<hr>

AUXERRE

IMPRIMERIE DE PERRIQUET ET ROUILLÉ.

—

1857.

DU DRAINAGE

SPÉCIALEMENT APPLIQUÉ

AU DÉPARTEMENT DE L'YONNE.

I.

Historique.

Le drainage, ou l'assainissement, l'ameublissement et
la fertilisation des terres arables et des prairies au
moyen de rigoles souterraines, était connu des Romains;
voici comment Columelle (1) décrit ce travail :

« Si le sol est humide, il faudra faire des fossés pour
« le dessécher et donner de l'écoulement aux eaux. On
« connaît deux espèces de fossés : ceux qui sont cachés
« et ceux qui sont ouverts.... On fera pour les fossés
« cachés des tranchées de 3 pieds de profondeur, que
« l'on remplira jusqu'à moitié de petites pierres ou de

(1) Ecrivain du siècle d'Auguste, liber II, caput II. « Si humi-
dus erit, etc. »

« gravier pur et l'on remplira le tout avec de la terre
« tirée des fossés ; si l'on n'a ni pierres ni gravier, on
« emploiera des fascines.... »

Jusqu'à la fin du dernier siècle, la question ne paraît
pas avoir fait de progrès sensibles, et ce n'est guère que
depuis une quarantaine d'années qu'elle a attiré l'atten-
tion des agriculteurs anglais.

En 1843, Read présenta à l'exposition agricole de
Derby divers spécimens de tuyaux en terre cuite, destinés à être placés au fond des tranchées d'assainissement,
en remplacement des pierrailles et des fascines. C'est
de l'emploi économique des tuyaux que date la généra-
lisation des procédés de drainage.

Depuis lors, cette industrie a pris en Angleterre et
prend de jour en jour un prodigieux développement. La
superficie des terrains qui ont été drainés de 1842 à
1852, c'est-à-dire en *dix années*, n'est pas évaluée à
moins de 500,000 hectares ; soit 50 mille hectares drainés *par an*, moyennant une dépense d'environ 12 millions et demi de francs.

Le gouvernement anglais, calculant quels immenses
résultats on devait *obtenir, par le drainage,* dans un pays
où la proportion des terres cultivables est comparativement très-faible, n'a pas hésité à rompre avec ses habitudes, ses principes politiques. Il s'est mis franchement à
la tête du mouvement ; et, pour décider l'opinion publique
encore hésitante, il a consacré déjà 180 millions en avan-
ces aux fermiers, pour travaux d'assainissement. Cette
mesure a produit immédiatement son effet ; elle a permis

à Robert Peel de concevoir la pensée hardie de réformer la législation sur les céréales ; grâce aux prodiges du drainage, il est sorti victorieux d'une question qui avait inspiré de graves inquiétudes et soulevé de toutes parts des luttes si brûlantes.

En 1850, le drainage a été introduit en Belgique avec non moins de succès ; on ne s'en est sérieusement occupé en France qu'à partir de 1852 (1).

(1) Le rapporteur de la Commission formée dans le sein du Corps législatif, pour l'examen de la loi relative au libre écoulement des eaux du drainage, disait, en 1855 :

« Les récoltes des années 1846 et 1855 sont loin d'avoir suffi aux
» besoins de la France, et près de 600 millions de francs ont été
» employés à se procurer des céréales de l'étranger. Notre gou-
» vernement, après avoir pourvu avec autant d'intelligence que
» d'activité aux nécessités de la situation, s'est appliqué à re-
» chercher les causes de ces disettes périodiques, ainsi que les
» moyens d'y apporter remède.

» Il a été constaté que l'insuffisance de production avait pres-
» que toujours coïncidé avec des saisons pluvieuses, et que le
» mal s'était fait principalement sentir dans les terres argileuses.
» Ces terres, si fertiles pendant les années suffisamment sèches,
» ont été, en 1846 et 1855, frappées d'une telle stérilité, que les
» fermiers n'ont pu guère apporter sur les marchés que la moitié
» de l'approvisionnement ordinaire ; d'où l'on doit tirer cette con-
» séquence, que les moyens employés dans notre pays pour l'assé-
» chement des terres humides sont complétement insuffisants. Et
» n'allez pas croire, Messieurs, que ces terrains soient en minime
» proportion parmi les terres cultivables de notre France. Les
» études géologiques démontrent que les terrains rétentifs de
» l'eau, soit dans leur couche arable, soit dans leur sous-sol,

DU DRAINAGE.

Le drainage était, avec raison, présenté par un petit nombre d'agronomes comme *la plus grande révolution agricole des temps modernes* ; aujourd'hui cette opinion est devenue populaire. Si un concours de circonstances fâcheuses a empêché cette invention si fertile de recevoir une plus prompte application, si, pour nous mettre à l'œuvre, nous avons eu besoin d'être stimulés par l'exemple de l'Angleterre et de la Belgique, nous pouvons du moins revendiquer l'honneur d'avoir retrouvé et indiqué les méthodes de drainage et d'avoir à peu près résolu toutes les questions qui s'y rattachent.

» s'élèvent à la quantité de près de 10 millions d'hectares, le » quart environ des terres livrées à la culture.

» Supposez un moment que ces 10 millions d'hectares aient été, » par l'assèchement et la bonne culture, amenés à leur maximum » de production ; que le quart seulement ait été semé en céréales, » et vous aurez une augmentation que, dans les années humides, » on ne peut évaluer à moins de 25 millions d'hectolitres de grains » en plus de ce qui a été produit en 1846 et 1853.

» Les renseignements nombreux et précis, fournis à la Commis- » sion, établissent d'une manière irrécusable que les terres drai- » nées ont produit, dans l'année humide de 1853, de huit à dix » hectolitres de plus, dans les mêmes conditions, que les terres » non drainées. »

La loi du 10 juin 1854 tranchait les difficultés qu'on avait rencontrées en exécution ; il ne restait plus qu'à donner aux petits propriétaires les moyens de mettre la main à l'œuvre. La loi du 28 juin 1856 qui ouvre un crédit de 100 millions pour subventions au drainage, moyennant remboursement par annuités, nous aura bientôt placés au niveau de l'Angleterre.

Voici ce que Olivier de Serre écrivait dans son *Théâtre de l'agriculture publié en* 1600 .

« Pour décharger les terres des eaux nuisibles, le plus
« commun remède est qu'on les vuide par fossés ouverts,
« principalement ès plaines et lieux bas ; servans aussi
« ces fossés à clorre les possessions. On fossoyera donc
« les terres à l'entour, donnant telle largeur et profon-
« deur aux fossés, qu'ils soient propres à ces deux
« usages. On les nettoyera une fois, de deux ans en deux
« ans, peu de temps devant l'ensemencement des terres,
« dans lesquelles sera jettée la graisse qu'on prendra
« au fond des fossés pour servir d'autant d'amendement.
« Mais s'il advient que le champ soit, par le dedans,
« occupé de fontaines et sources souterraines croupis-
« santes, les seuls fossés aux bords des terres ne suffi-
« sant, ains sera besoin d'autre remède plus particulier,
« comme sera montré, pour desgager le milieu de la
« terre de ces incommodités. Et d'autant que le vice du
« trop d'eau excède en malice, et celui des ombrages,
« et celui des pierres, ainsi qu'a esté dict ; plus qu'à
« ceux-ci faut-il aussi employer de labeur pour y remé-
« dier : dont finalement le profit, pour récompense, en
« sort plus grand que de nulle autre réparation qu'on
« puisse faire à la terre, tant fructueuse est celle qui la
« despestre des eaux malignes ; car non seulement par
« là les terres trop humides sont amendées, ains les
« marécages et palus sont convertis en exquis labou-
« rages. Les exemples nous servent de bons maîtres à

1.

« faire nos besougnes. Qui est le mesnager considérant
« les beaux blés que produisent les estangs desséchés,
« ne désire, par émulation, d'imiter tel profitable mes-
« nage ? La cause de cela provient de l'eau qui a en-
« gardé la terre estant sous elle, de travailler aucu-
« nement de plusieurs années, au bout desquelles
« se trouvant reposée, et par telle oisiveté avoir fait
« amas de fertilité, la rapporte avec admiration et
« profit.

« Est nécessaire le fonds que voulez dessécher, avoir
« pente, petite ou grande, sans laquelle les eaux n'en
« pourraient vuider. Cela présupposé, un grand fossé
« sera faict depuis un bout du lieu jusques à l'autre,
« de long en long, commençant toujours par le plus bas
« endroit, et par où remarquerés des sources et humi-
« dités : dans lequel fossé, plusieurs autres mais petits,
« pendans en plume, des deux costés se joindront y
« descharger leurs eaux…. Le grand fossé, à telle cause
« est appelé mère, et tous ensemble pied-de-géline, pour
« la conformité qu'ils ont, ainsi disposés, à la figure du
« pied de cest animal, dont les griffes tendent au tronc
« de la jambe. *La profondeur des fossés, en quelque part*
« *qu'on les creuse, faut y aller jusques à quatre pieds ou*
« *environ, pour bien coupper les racines des sources, but*
« *de ce négoce….*

« Ayant le plan, raisonnable pente et estendue, à ce
« qu'on ne se déçoive, faut faire tant de fossés, en tant
« d'endroits, si longs et si amples, sans crainte d'excéder
en cest endroit, que source et fontenelle aucune ne

« soit oubliée, afin de parfaitement bien dessécher le
« terroir, par le général ramas des eaux d'icelui. *Ces*
« *fossés, grands et petits,* seront à demi remplis *de me-*
« *nues pierres, et le demeurant achevé de combler de la*
« *terre qui en aura esté tirée auparavant, dont on la*
« *réunira par le dessus avec le plan, si bien, que la*
« *trace mesme n'y paraisse, pour la commodité du la-*
« *bourage.* Lequel s'y fera très-bien, y trouvant le soc
« de la terre à suffisance, avant que toucher aux pierres,
« à travers desquelles, l'eau ayant son libre passage,
« s'escoulera au lieu que lui aurés destiné, laissant la
« superficie de la terre vuide de toute nuisible humi-
« dité, pour n'estre rendue propre à porter gaiement
« toutes sortes de blés. Mesnage communicable à toutes
« possessions, vignobles, prairies, vergers et autres,
« etc..... »

II.

Des effets du Drainage.

Le sol arable est formé de particules entre lesquelles il existe des vides communiquant les uns avec les autres et formant de véritables canaux où circulent l'air et l'eau nécessaires à la végétation.

Si un terrain ne reçoit qu'une proportion d'eau convenable, cette eau est absorbée par les particules, et les canaux se remplissent d'air. Les plantes se trouvent alors dans les conditions les plus favorables, parce que leurs racines sont à la fois en contact avec l'air et avec l'eau.

Si, au contraire, après que les particules ont absorbé tout ce qu'elles peuvent contenir, la pluie continue, les canaux se remplissent, et le sol devient impropre au développement des plantes utiles. En outre, transformées en pâte par cet excès d'humidité, les terres argileuses durcissent dans les sécheresses et sont alors incapables d'absorber l'air atmosphérique.

Pour les terrains offrant un sous-sol perméable, ces inconvénients ne se produisent pas, parce que le liquide, en excédant dans les canaux, s'écoule dans le sous-sol.

Les conduits de drainage, en donnant issue aux eaux qui s'introduisent dans les canaux, produisent l'effet d'un sous-sol perméable, et abaissent le plan des eaux stagnantes à une profondeur suffisante pour ne plus nuire au développement des racines.

Dans les terres fortes, qui se contractent en se desséchant, le drainage a d'ailleurs pour résultat de produire, dans le sol, des fissures qui lui donnent une véritable porosité, et de rendre la culture plus facile et plus économique (1).

Du facile écoulement des eaux à travers le sol rendu poreux résultent, comme conséquences : une moindre évaporation à la surface de la terre, un accroissement notable de la chaleur du sol (2), une augmentation énorme de la fertilité, par l'introduction dans la terre, des gaz et des substances les plus nécessaires au dévelop-

(1) Les terres fortes, dont la culture offre tant de difficultés, se labourent facilement et en toute saison, lorsqu'elles ont été drainées.

(2) En Angleterre, on évalue à 6° 1/2 l'accroissement de température produit par le drainage. Cet accroissement correspond à un abaissement d'altitude de 594^m. On comprend facilement qu'il en résulte de grandes différences sur la nature des récoltes et l'époque de leur maturité. Dans le nord de l'Ecosse, la nielle faisait de tels ravages qu'on renonçait à la culture des céréales; dans les terrains drainés, cette maladie a disparu.

pement de toutes les récoltes (1), enfin une amélioration

(1) Si l'on fouille des terres argileuses compactes, fumées depuis 6 mois, et non drainées, on y rencontre en assez grande quantité des mottes de fumier à peu près intactes et dont l'effet a été paralysé par la seule cohésion des terres.

Sur un sol argileux et non encore ameubli par le drainage, une partie des fumiers répandus, une partie même de ceux qui sont enfouis à peu de profondeur, sont délavés, sinon entraînés par les eaux de pluie qui s'écoulent à la surface.

D'un autre côté, l'*humidité sans excès*, l'*air* et la *chaleur* sont nécessaires à la décomposition des matières organiques que contient déjà la terre arable, ou qui y sont introduites sous forme d'engrais ; ces matières, dont les éléments concourent à la nutrition des plantes et à leur développement progressif, constituent la fécondité d'un sol ; elles produisent le principe véritablement actif de sa fertilité.

Toutes les conditions nécessaires à l'appropriation des terres et à la préparation économique d'un bon terreau, sont remplies par un drainage bien entendu ; en effet :

La terre arable ameublie et rendue spongieuse absorbe, peu de temps après la fumure, le purin qui se répartit uniformément dans toute la couche et vient ainsi former un large réservoir de sucs nutritifs ;

Le terrain n'est ni trop sec, ni trop imbibé ; l'air s'y introduit et y circule ; cet air lui-même a une température moyenne plus élevée, car, dans les champs drainés, il y a augmentation d'environ 6° de chaleur (voir note 2, p. 13). Ce sol est ainsi placé dans un état de chaleur humide, *de moiteur,* des plus favorables à la décomposition des fumiers, et par suite à la végétation.

L'économie qu'on obtient dans l'emploi des engrais, tout en réduisant les frais de culture, a une telle importance, elle entre pour une si large part dans les avantages à attendre du drainage, que je compléterai ici ma pensée.

Plusieurs expériences, faites tant en Angleterre qu'en France, considérable dans l'état sanitaire (1) et le régime des eaux (2).

ont prouvé que des terrains drainés et moins fumés qu'antérieurement avaient produit :

1° Un accroissement de 25 à 30 p. 0/0 sur les pailles ;

2°   id   40 à 50 p. 0/0 sur le rendement du grain ;

3° Que les pommes de terres récoltées étaient beaucoup plus abondantes, plus farineuses, plus riches en fécule et exemptes de maladie.

Je ne multiplierai pas les exemples, soit de l'augmentation dans le rendement des terres drainées et amendées, soit des autres avantages économiques obtenus dans la culture.

En résumé, sous quelque point de vue qu'on examine la question, on reconnaît que le drainage permet de retirer immédiatement des engrais employés le *maximum d'effet utile*, tout en supprimant à peu près les chances de perte ou d'appauvrissement de ces matières fertilisantes.

Une même quantité d'engrais, appliquée à un champ asséché et ameubli, produira dès lors un résultat plus grand, il *profitera* plus que dans les terrains compacts et non drainés. On est donc fondé à dire que le drainage *économise les fumiers*, qu'il *équivaut à une certaine quantité d'engrais*.

(1) Les épidémies, qui attaquent les animaux dans les terrains humides, disparaissent par l'effet du drainage ; la santé des hommes éprouve aussi une amélioration notable.

(2) Les eaux de pluie, au lieu de couler à la surface du sol, sont absorbées et forment des sources quelquefois abondantes et pérennes. Des fermes, des villes même ont utilisé ainsi, pour la création d'excellentes fontaines, pour de petites irrigations et autres usages domestiques, des travaux de drainage exécutés à proximité.

III.

Des terrains auxquels le Drainage est applicable (1).

Le drainage peut être appliqué, avec avantage, à tous les terrains dont le sol ou le sous-sol est imperméable et aux terrains perméables rendus humides par des sources de fond.

Pour reconnaître les terrains où le drainage est nécessaire, on peut souvent s'en rapporter à l'état de la surface du sol. Les terrains imperméables deviennent fangeux et se couvrent de flaques d'eau durant la mauvaise saison ; les terrains où il existe des sources de fond sont presque toujours mous et élastiques au printemps. Lorsque l'air est sec et vif, à la suite du labour, un excès

(1) Voir l'instruction publiée à la date du 15 juin 1856 par M. le Préfet Chamblain, si expert en matière de drainage. (Annexe n° 7 page 97).

d'humidité est accusé par des teintes d'un ton sombre très-caractéristiques.

La nature des plantes qui croissent spontanément, l'aspect des récoltes, l'époque à laquelle on peut commencer les labours de printemps, sont aussi des indices très-nets.

On reconnaît encore qu'un terrain a besoin d'être drainé, en ce que l'eau croupit longtemps dans un trou creusé pendant l'hiver ou après de fortes pluies.

Enfin, dans les terres habituellement cultivées en *ados ou billons*, le drainage est généralement utile (1).

(1) Pour les signes extérieurs et caractéristiques des terrains qui réclament le drainage, voir l'annexe n° 7, page 97.

IV.

Des diverses espèces de drains.

On se sert à peu près exclusivement aujourd'hui, pour les travaux de drainage, de tuyaux cylindriques en terre cuite qu'on place au fond de tranchées ouvertes dans les terrains à assainir et qu'on recouvre ensuite de la terre extraite de ces tranchées.

Les tuyaux de drainage ont de 0 m. 30 à 0 m. 40 de longueur; dans l'usage ordinaire leur diamètre intérieur varie de 0 m. 03 à 0 m. 10; leur épaisseur moyenne est de 0 m. 01 environ. On les place quelquefois simplement bout à bout, mais le plus souvent on les réunit au moyen de *colliers ou manchons* dans lesquels s'engagent leurs extrémités. Les manchons sont également en terre cuite, et ont de 0 m. 07 à 0 m. 10 de longueur.

Le raccordement de deux lignes de drains s'effectue au moyen d'une ouverture circulaire pratiquée dans le plus gros tuyau et dans laquelle pénètre le plus petit.

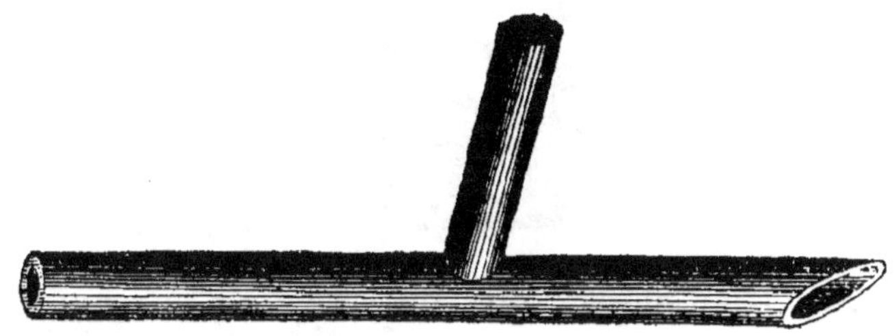

Les anciens procédés de drainage sont presque complètement abandonnés ; cependant, comme ils peuvent encore être appliqués avec avantage dans certains cas exceptionnels, il est nécessaire d'en dire quelques mots.

Les drains empierrés sont formés de cailloux jetés pêle mêle au fond des tranchées, et sur une épaisseur qui varie de 0 m. 30 à 0 m. 40 ; la largeur du plafond est d'environ 0 m. 20. Les pierrailles doivent présenter une grosseur à peu près uniforme, et pouvoir passer dans un anneau de 0 m. 08 de diamètre ; après les avoir placées, on les recouvrait autrefois d'une couche de gazon, de mousse, de paille, ou de menus matériaux, destinée à empêcher l'introduction de la terre dans les conduits (1).

---

(1) L'emploi de matières organiques, toujours facilement altérables, est aujourd'hui proscrit dans toute opération de drainage qui doit être mise à l'abri des remaniements.

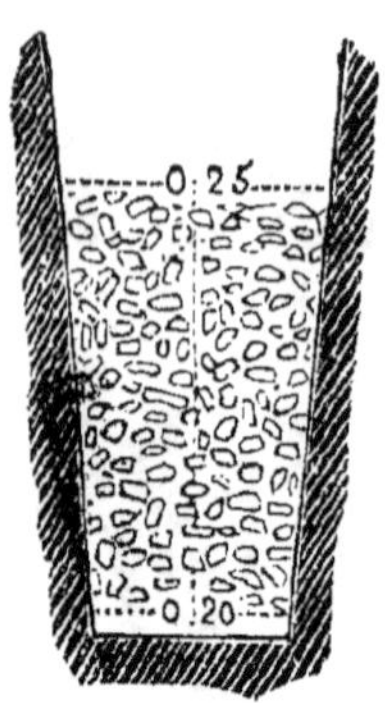

Les drains empierrés ont été employés sur une immense échelle, tant en France qu'en Angleterre, et ont rendu de très-grands services; mais ils coûtent plus cher que les drains avec tuyaux, ils s'obstruent plus facilement, et on ne peut y avoir recours aujourd'hui avec quelqu'avantage que dans les terrains que l'on a besoin d'*épierrer*.

On peut construire aussi des drains :

Au moyen de pierres plates ou de briques disposées de manière à former de petits aqueducs;

Au moyen de fascines ou de branchages placés au fond des tranchées et recouverts de terre;

En pratiquant des fossés d'une forme particulière dans lesquels on replace les matières extraites en laissant un vide dans le fond;

En ouvrant avec la charrue-taupe des conduits souterrains cylindriques;

Au moyen de tuyaux en tourbe;

Enfin au moyen de tuyaux en sapin.

Mais ces divers procédés, ne doivent être cités que pour mémoire.

V.

Tracé des drains.

Dans une opération d'ensemble, on distingue deux sortes de drains : *les drains d'asséchement* destinés à soutirer l'humidité du sol, et *les drains collecteurs,* qui reçoivent les eaux découlant des premiers.

Les drains d'asséchement doivent être dirigés suivant *les lignes de plus grande pente* (1) :

1o Parcequ'il est avantageux de leur donner la plus forte pente possible, pour faciliter l'écoulement des eaux ;

2o Parceque, placés suivant la ligne de plus grande pente, ils font sentir leur action à égale distance des deux côtés, tandis que disposés transversalement ils agissent sur une zône plus large en amont qu'en aval ;

3o Parcequ'en général les couches de terrain qui

---

(1) La ligne de plus grande pente est celle que suivent les eaux en coulant sur la surface du sol. Elle est perpendiculaire en chaque point à la ligne de niveau passant par ce point.

donnent des suintements sont à peu près horizontales, et qu'en établissant les drains suivant les lignes de plus grande pente, on a la certitude de rencontrer ces couches.

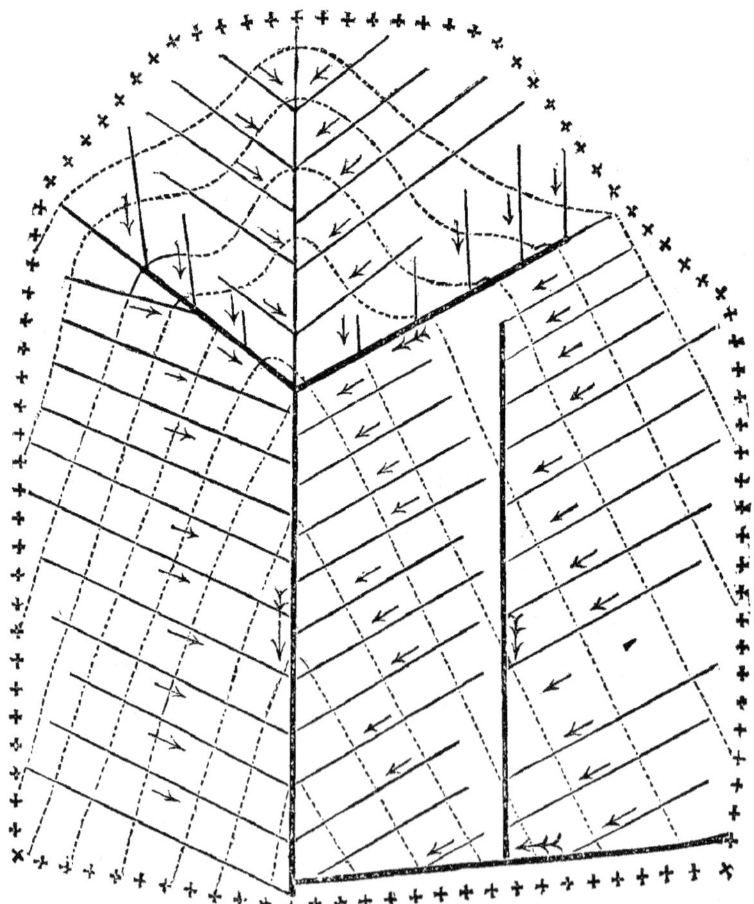

Dans la pratique, le tracé des drains d'asséchement se fait d'une manière très-simple : On décompose le champ en parties sensiblement planes, et on dirige les drains parallèlement les uns aux autres, suivant la plus grande pente de chacune de ces parties planes (1).

Les drains collecteurs se placent généralement dans les *thalwegs* (2) du terrain ; on en établit aussi quelquefois en travers d'un versant régulier, lorsque les drains d'asséchement, allant d'un bout à l'autre de ce versant, auraient une longueur trop forte.

(1) La ligne de plus grande pente d'un plan se détermine très-facilement. On prend deux points à la même hauteur, on joint ces deux points par une ligne, et on mène une perpendiculaire à cette ligne.

(2) *Thalweg*, mot allemand signifiant fond de la vallée.

VI.

Profondeur des drains.

La profondeur minimum à donner aux drains peut être ainsi calculée pour les terrains ordinaires :

Epaisseur de la couche qui doit être mise à l'abri de l'humidité pour que la végétation n'ait pas à en souffrir 0ᵐ 50

Exhaussement du plan de l'eau stagnante produit par la capillarité 0 30

Hauteur du tuyau avec son manchon . . 0 10

Total . . . 0ᵐ 90

Les profondeurs qu'on adopte dans la pratique varient généralement entre 0ᵐ 90 et 1ᵐ 50.

Mais il est des cas où il convient d'établir les drains beaucoup plus bas. Ainsi, quand on opère sur un terrain poreux avec sous-sol imperméable, il faut autant que possible pousser les tranchées jusqu'à la couche imperméable elle-même. Quand au contraire, sous un sol argileux, on trouve une couche perméable, elle peut devenir un utile auxiliaire, et, si elle n'est pa à plus de 2ᵐ de profondeur, il est important de l'at teindre et quelquefois de la pénétrer.

Avant d'arrêter un projet de drainage et de le mettre à exécution, on doit toujours recourir à des sondages multipliés; au besoin, et comme complément des sondages, on ouvrira des tranchées d'essai à des profondeurs successivement croissantes : l'étude de la nature du sol et de la stratification des couches permet de déterminer la profondeur, l'espacement et les sections les plus convenables à donner aux drains. On évitera par là de fausses manœuvres ou des mécomptes dans le résultat de l'opération.

Les parties de terrains à proximité des cours d'eau ont souvent une déclivité très faible, et exigent des précautions spéciales.

La pente nécessaire aux drains et surtout aux collecteurs ne s'obtient alors que par un relèvement de tout le système, à une certaine distance du thalweg du vallon (généralement à la limite des terrains cultivés et des prés). Il y a lieu, dans un grand nombre de cas, de placer le collecteur, en ce point limite, à 0ᵐ80 seulement en contrebas du sol, sauf à augmenter progressivement cette profondeur en marchant vers l'aval.

Cette disposition facilite la pose et le jeu de la bouche du collecteur. La bouche doit être toujours établie au-dessus du niveau des crues ordinaires du cours d'eau évacuateur, de manière à prévenir les obstructions et les encombrements des tuyaux. Il faut chercher à obtenir ce résultat, par relèvement, sans trop modifier l'état des lieux en aval. Un approfondissement exagéré du lit normal du ruisseau ou du fossé de dégorgement soulève des difficultés de la part des riverains, donne lieu à de fortes dépenses en indemnités et en main-d'œuvre, nécessite un coûteux entretien et une surveillance incessante; c'est une cause puissante d'insuccès.

En général, et sauf quelques cas exceptionnels comme par exemple dans les argiles très compactes, très retentives, on doit, dans les projets, tendre à l'adoption d'un drainage profond; il offre les avantages suivants :

Economie dans la dépense totale;

Préservation contre l'effet des racines, celles des arbres blancs surtout, et contre l'engorgement des tuyaux ;

Ameublissement plus complet, plus profond de la couche arable et du sous-sol; d'où, possibilité des labours avec la charrue fouilleuse ou autres instruments perfectionnés, et meilleures conditions pour les plantes à racines pivotantes telles que la luzerne.

VII.

Du Drainage comme moyen d'aérage.

Le drainage a pour effet général, non pas seulement d'égoutter et d'assainir les terrains humides, de réduire les frais de culture, de permettre des assolements plus riches, de réchauffer le sol, de répandre uniformément les engrais, de les *utiliser en totalité* et par suite de les *écono-miser* (1), d'avancer l'époque de la maturité, d'augmenter le rendement et la qualité, d'assurer les récoltes ; il fournit en outre UN PUISSANT MOYEN D'AÉRAGE ; il intro-duit et renouvelle l'air, cet élément essentiel de la ger-mination des graines et de la nutrition des plantes.

L'air contenu dans les tuyaux à une profondeur de 1^{m}20 par exemple, se maintient sensiblement à une température constante de 12 à 15º (celle des caves) ; or quand l'air extérieur, celui qui est en contact avec la couche supérieure du terrain, atteindra 35 à 40º, c'est-à-dire pendant les chaleurs (alors que la terre est le plus desséchée), l'air des tuyaux tendra à s'élever par tous les interstices de la couche qui les recouvre ; on constate en effet un courant

(1) Voir note 1, page 14.

ascendant dans les collecteurs. Cet air aspiré, qui passe naturellement à travers des couches humides (celles qui entourent les tuyaux), déposera cette humidité dans le sol brûlant qu'il traversera : on comprend dès lors pourquoi ce système de ventilation agit à la fois par l'air qu'il infiltre et par l'humidité qu'il introduit.

Si au contraire l'air extérieur est à 5 degrés par exemple, c'est-à-dire pendant les fraîches matinées d'été ou à certaines époques du printemps et de l'automne, le courant d'air se produit en sens inverse et on voit un objet léger, placé à la partie inférieure du collecteur, être repoussé au dehors. Qu'arrive-t-il alors ?

Dans ces dernières circonstances le sol pèche habituellement par un excès d'humidité. Or, l'assainissement déjà en partie et directement obtenu par les drains, sera complété par l'effet de ce courant descendant d'air sec pris à l'extérieur ; cet air déposera dans les tuyaux ou entraînera au dehors l'eau dont il se sera saturé par son contact avec le sol ; on obtient ainsi un second séchage par ventilation.

Cet effet alternatif à travers le sol, ce mouvement de va et vient d'un air humide quand le terrain est trop sec, d'un air sec quand le terrain pèche par excès d'humidité, place les plantes (1) dans les meilleures conditions, celles

---

(1) C'est exactement, et par les mêmes motifs, le mouvement de la brise de mer dans tous les vallons un peu étendus. L'air du matin est refroidi dans les parties supérieures de la gorge, dans la *montagne* ; il s'abaisse à une température de 10 à 15 degrés au-dessous de celle de l'air de la mer (qui, en été, par exemple, reste

qui sont le plus favorables à la décomposition et au

à peu près constamment à 20°); on a donc une pression différente
à chaque extrémité de cette espèce de syphon. Le courant se dirige vers la bouche la plus chaude, avec une vitesse qui dépend
de la différence des charges, c'est-à-dire de l'écart plus ou moins
grand entre les températures des points extrêmes.

Lorsque, au contraire, le flanc des montagnes était fortement échauffé pendant 7 à 8 heures, par l'action directe du
soleil, j'ai vu la partie supérieure du vallon (du syphon) atteindre
parfois, à Ajaccio, une température de 55 à 60° et le courant ascendant se produire avec la violence de l'ouragan. Le remède se
trouve ainsi à côté du mal; la force, la bonté de la brise aug-
mentent avec la chaleur et viennent en tempérer les effets; aussi
ne souffre-t-on nullement de l'extrême élévation du thermomètre
qui se manifeste à certaines époques.

Les brises de mer et de terre ne se produisent avec force et ré-
gularité que depuis la fin de mars jusqu'au 15 octobre environ.

Celle de mer commence à se faire sentir de 7 à 8 heures du matin,
et va en augmentant d'intensité jusqu'à 11 h. 1/2 ou midi, puis
elle décroît jusqu'à 4 heures du soir.

De 4 à 6 h. du soir on éprouve une chaleur intolérable; c'est le
moment de la sieste.

A 6 h. du soir le courant descendant, la brise de terre, se prononce
d'abord faiblement; puis elle va en croissant jusqu'à 1 h. 1/2 ou 2 h.
du matin ; c'est alors qu'elle atteint son apogée pour décroître
jusqu'à 6 h. du matin; elle redevient insensible de 6 h. à 7 h. 1/2
du matin, moment où il y a équilibre entre l'air de la montagne et
l'air de la mer.

Les deux courants ont ainsi alternativement suivi leurs phases
pendant 24 heures. Au reste, il n'est personne ayant habité les
ports de mer, qui ne se soit rendu compte de ce phénomène si
bienfaisant et qui ne comprenne pourquoi le Marseillais quitte
Paris au mois d'août pour aller chercher la fraîcheur dans sa ville
natale.

2.

développement des éléments nutritifs que renferme la couche arable.

Les faits qui précèdent (ce jeu de l'air favorisé par les drains, trop longuement expliqué peut-être), viennent justifier une opération qui, en Angleterre et en Belgique, est pratiquée aujourd'hui par tous les fermiers possédant à la fois de l'intelligence et des capitaux : ils drainent leurs meilleures terres, même celles qui sont les plus assainies.

Nous n'en sommes pas encore arrivés là; en attendant, expérimentons et observons. Ce que, au premier abord, nous avons pu attribuer à l'entrain, à la *monomanie* du drainage, nous apparaîtra probablement bientôt comme une affaire économique bien entendue, comme un placement aussi solide que productif.

VIII.

Espacement des drains

L'espacement des drains dépend surtout de leur profondeur et de la nature du terrain : au milieu de la divergence des opinions on peut, à défaut d'expérience, recourir à quelques essais directs de nature à déterminer la sphère de l'action utile d'un drain dans le terrain à assainir. Mais, ainsi qu'on l'a vu plus haut, l'effet demandé au drainage ne se borne pas au soutirage des eaux ; les avantages à obtenir sont complexes et ne se produisent d'ailleurs qu'après un intervalle assez long. Le mode d'assolement, le genre de culture, les conditions climatériques, certains besoins spéciaux viennent encore peser dans la balance et repoussent toute règle absolue. Je me bornerai, à titre de renseignement, à résumer dans le tableau ci-après, les données d'expérience qu'on possède à ce sujet.

NATURE DU SOL.	PROFONDEUR.	ESPACEMENT.
Argile compacte et tenace	$0^m\ 90$	$8^m\ 00$
Argile forte.	1 00	10 00
Argile ordinaire	1 20	12 00
Argile sablonneuse.	1 25	15 00
Terre légère.	1 50	20 00
Sable graveleux.	1 50	25 00

IX.

Pente des drains.

La pente qu'on donne aux drains est aussi forte que possible ; elle ne doit être qu'exceptionnellement inférieure à 0m 002 par mètre. Le fond de la tranchée peut rester sensiblement parallèle à la superficie du sol, chaque fois que sa déclivité générale excède 1/2 centim. par mètre. On doit se garder toutefois de suivre exactement toutes les petites sinuosités, les accidents peu marqués du terrain.

Dans le cas d'une très faible déclivité, la distribution rationnelle des pentes et l'aménagement des drains constituent une opération délicate ; elle exige des précautions particulières, des études préliminaires et un examen attentif.

X.

Longueur des drains.

La longueur des drains d'assèchement est réglée sur leur espacement, sur leur pente et sur le diamètre des tuyaux, de telle sorte que toute l'eau qu'ils ont à recevoir puisse être débitée dans le temps voulu à leur partie inférieure.

Quant aux collecteurs, leur développement résulte presque toujours de la forme du terrain sur lequel on opère, et, dans ce cas, c'est la section qu'on a à déterminer d'après la pente et le débit. Il arrive quelquefois qu'un seul tuyau d'un diamètre usuel est insuffisant ; on en place alors plusieurs à côté les uns des autres dans la même fouille.

La quantité d'eau, dont on doit pouvoir assurer l'écoulement, résulte de l'intensité des pluies. Dans le département de l'Yonne , les fortes pluies *ordinaires* ne donnent pas une couche de plus de 0^m 015 de hauteur par 24 heures (1).

(1) A l'Udomètre d'Auxerre, et à l'époque de la grande crue de

On a reconnu que, dans les terrains drainés, l'évaporation enlevait par les pluies ordinaires à peu près le 1/4 du volume total d'eau tombée ; que les drains devaient pouvoir débiter le surplus en 36 heures environ.

Lors des grandes pluies d'orage, une partie des eaux s'écoule naturellement à la surface ; dans ce dernier cas,

mai 1856, on a constaté les quantités d'eau tombées par 24 heures, savoir :

DATE de L'OBSERVATION.	DIRECTION DU VENT.		DEGRÉ du THERMOMÈTRE.		QUANTITÉ D'EAU	
	Matin.	Soir.	Maximum.	Minimum.	tombée en 24 heures	évaporée en 5 jours.
1 mai.	O.	O.	7° 5	15° »	0ᶜ 555	
2	N.	N.	6 4	9 »	2 919	
3	N.-O.	N.-O.	5 0	9 5	»	1ᶜ 115
4	N.	N.	1 5	9 5	0 045	
5	E.	N.-E.	1 8	10 4	»	
6	S.-O.	S.-O.	-0 2	15 3	»	
7	O.	S.-O.	8 6	17 2	0 561	
8	S.-O.	N.-N.-O.	6 0	14 »	0 242	1 218
9	N.-N.-O.	N.	7 7	8 7	0 025	
10	N.-O.	N.-O.	8 5	14 2	5 217	
11	N.-O.	N.-E.	7 2	19 4	1 975	
12	N.-O.	N.-O.	10 8	17 5	1 575	
13	O.	O.	11 8	19 4	0 255	0 480
14	O.	S.-O.	10 4	18 8	0 024	
15	S.	S.	6 5	17 5	0 050	
Du 16 au 31	»	»	169 6	515 4	6 779	5 184
Total de mai 1856	267° 1		550° 8		17ᶜ 992	5ᶜ 997
Moyenne par jour, id. . . .	8 6		17 12		0 580	0 195

d'ailleurs, on peut, sans inconvénient et exceptionnellement, admettre que le volume de liquide absorbé par les
terres ne s'écoulera entièrement par les drains qu'en 48
heures.

Le volume à débiter étant connu, les questions relatives
à la détermination des dimensions des drains et collecteurs
se réduisent aux problèmes d'hydraulique les plus simples (1).

(1) Soit pour la quantité d'eau tombée en 24 heures par une
forte pluie ordinaire, ci. . . . . $0^{mc}015$

Le cube correspondant tombé sur un hectare sera :

$10,000 \times 0^{m}015 =$. . . . . 150^{mc} »

Admettons que 1/4 des 150 mèt. soit enlevé par l'évaporation et qu'un autre quart s'écoule naturellement à
la surface ;

Il restera à évacuer par les drains, en 36 heures, environ, ci . . . . 75^{mc} »

Supposons un seul collecteur de $0^{m}06$ de diamètre pour 5 hectares,

Le volume à débiter par seconde à la bouche du collecteur sera

$$\frac{5 \times 75}{60 \times 60 \times 36} = \frac{375}{129600} = 0^{m\,c}0029 \text{ ou } 2^{litres}90 \text{ par seconde.}$$

L'eau, dans le collecteur, s'écoulera avec une vitesse de :

$$V = \frac{\text{Cube à débiter.}}{\text{Section du tuyau.}} = \frac{0^{m\,c}0029}{3,141 \times 0,03 \times 0,03} = 1^{m}03.$$

Un collecteur de 0,06 pourra donc débiter, dans un *délai de
36 heures*, les fortes pluies ordinaires absorbées pendant 24
heures par un terrain d'une contenance de 5 hectares, et cela
sans que la vitesse du courant dans les tuyaux dépasse les limites normales.

Veut-on admettre que les terres, fortement imbibées par une
pluie produisant une hauteur de $0^{m}015$ en 24 heures, puissent,
sans nul inconvénient, n'être complétement asséchées qu'après

XI

Collecteurs et directions des drains ordinaires.

Les drains collecteurs sont établis à 0^m05 environ plus bas que les drains d'assèchement dont ils reçoivent les eaux. On a vu que les drains étaient tracés suivant les lignes de plus grande pente du terrain ; la direction des collecteurs est également commandée par la disposition des lieux et par plusieurs autres conditions auxquelles

48 heures (c'est-à-dire 12 heures après le terme d'écoulement adopté dans l'exemple précédent), on aura, en conservant les autres données de la question :

Volume à débiter par seconde à l'extrémité inférieure du collecteur :

$$\frac{5 \times 75}{60 \times 60 \times 48} = \frac{375}{172800} = 0^m00217 \text{ ou } 2^{litres}17.$$

$$\text{Vitesse par seconde} = \frac{0^{mc}00217}{3,141 \times 0\,03 \times 0,03} = 0^m77.$$

doit satisfaire le projet d'ensemble ; on ne peut dès lors faire varier ces deux systèmes de lignes que dans des limites fort restreintes ; mais il faut, autant que possible, chercher à les raccorder sous un angle aigu de 60 degrés.

Dans le cas où elles se rencontreraient sous un angle obtus ou voisin de l'angle droit, les drains seraient infléchis dans le sens du courant par de petites courbes d'environ 5 mètres de rayon.

On doit éviter de faire aboutir deux drains coulant en sens contraire en un même point d'un drain collecteur.

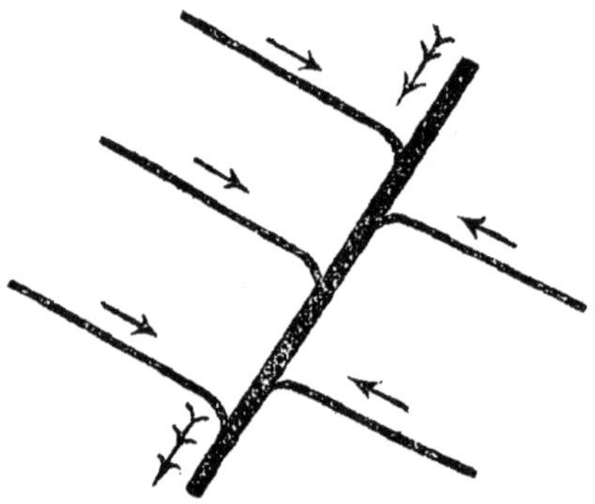

Afin de donner à l'eau qui sort des collecteurs la vitesse nécessaire pour déplacer les matières qui feraient obstacle à l'écoulement, il est bon d'augmenter la pente sur quelques mètres à l'extrémité.

Lorsque les collecteurs ont plus de 200^m de longueur, on y place, de distance en distance, des regards construits en maçonnerie de briques ou plus économiquement formés de larges tuyaux superposés verticalement. On place aussi des regards aux changements de direction et aux points de jonction de plusieurs collecteurs.

Le tuyau d'arrivée dans ce regard est utilement établi à quelques centimètres en contre haut de celui de dégorgement.

Ce dernier doit lui-même être situé à environ 0^m20 au-dessus du plafond du regard. Cet espace est principalement ménagé pour le dépôt et l'enlèvement des matières qui pourraient être entraînées par les conduits.

Sauf quelques cas exceptionnels, les drains ordinaires sont tracés en ligne droite. Il est nécessaire au contraire de briser les alignements des collecteurs et même quelquefois de les établir suivant les lignes courbes.

XII.

Quelques données pratiques.

§ 1. — PLAN ET COURBES.

Si le terrain à drainer offre à l'œil une pente sensible et supérieure à 0,02, un agent expérimenté peut se dispenser du lever et du nivellement par courbes horizontales de toute la propriété. Quelques coups de niveau sur le pourtour, sur les fossés évacuateurs et aux points principaux de dégorgement, quelques cotes dans les parties inférieures du vallon, une bonne reconnaissance de la nature des terrains au moyen de la petite sonde à main (dite de Palissy), suffisent alors pour tracer le projet de drainage sur un extrait cadastral, et pour y joindre toutes les indications utiles, soit au propriétaire, soit à l'entrepreneur chargé de l'exécution.

Dans les terrains à faible déclivité, très retentifs, parsemés de sources qu'il faut détourner ou utiliser, dans les grandes fermes qui exigent des études spéciales, des combinaisons d'ensemble, il convient à tous égards de recourir à des courbes plus ou moins rapprochées, suivant que la déclivité sera moins ou plus forte, et de pratiquer de nombreux sondages et quelques tranchées d'essai (1).

Un bon opérateur, dans des conditions topographiques ordinaires, peut lever et niveler de 4 à 5 hectares par jour, lorsque l'opération comprend un ensemble superficiel supérieur à 10 hectares, et en admettant que les courbes seront étagées de 1 à 2 mètres pour les déclivités inférieures à 0,02, et de 2 à 5 mètres pour les plus fortes déclivités.

§ 2. — NIVEAU A BULLE D'AIR.

Je ne saurais trop recommander de n'employer exclusivement qu'un *bon niveau à bulle d'air* et *une mire parlante*. Le niveau d'eau doit être exclu de toute opération qui exige de la rapidité et de la précision.

§ 3. — ÉCARTEMENT ET PROFONDEUR DES DRAINS.

Dans nos projets généralement appliqués à des terrains fort argileux, retentifs et très-humides, nous nous sommes renfermés dans les limites ci-après :

Profondeur des drains de 1^m à 1^{m}25.

Ecartement   —   —   9^m à 15^m

(1) Voir chap. VI, p. 25, § 1.

§ 4. — DIMENSIONS DES TRANCHÉES.

Les tranchées ont généralement de 0ᵐ06 à 0ᵐ07 de largeur au fond pour les drains secondaires, et de 0ᵐ10 à 0ᵐ15 pour les collecteurs ; leur profondeur varie entre 0ᵐ90 et 1ᵐ50.

La pratique a prouvé que, pour une profondeur moyenne de 1ᵐ20 par exemple, les largeurs pourraient être réduites, savoir :

	PETITS DRAINS.	COLLECTEURS.
Largeur en gueule	0ᵐ 30	0ᵐ 45
Largʳ correspondante du plafond.	0 07	0 15

L'ouvrier peut ainsi descendre et travailler facilement debout à une profondeur de 0ᵐ60 à 0ᵐ80 au-dessus du fond.

§ 5. — ORDRE DE POSE.

On rappellera que l'ouverture des tranchées se fait généralement en se dirigeant de l'aval à l'amont et que les tuyaux se posent au contraire en descendant.

§ 6. — FRACTIONNEMENT DES TRANCHÉES.

Dans les terrains très-coulants, on évite des blindages en fractionnant l'ouverture des tranchées et la pose ; cette précaution est surtout avantageuse lorsque la pente longitudinale des drains est un peu forte. Ainsi, dans le cas de la figure *planche* 1, la longueur totale de 150ᵐ peut s'exécuter par portions de 50 mètres.

La fouille B n, m A, en commençant par le point inférieur B, peut être entreprise dans les conditions ordinaires si l'on ouvre à l'aval, en B o, dans la direction même du drain, un canal de dégorgement des eaux de suintement.

Ce petit canal évacuateur, qui formera d'ailleurs une première levée pour la tranchée définitive B C D, pourra avoir une pente longitudinale de 0ᵐ002 seulement. Sa longueur totale B o serait réduite à environ 67 mètres, la pente du sol n o étant supposée égale à 0ᵐ 02.

Les tuyaux peuvent être immédiatement posés en A B, et la tranchée remblayée. On procèderait de la même manière pour la deuxième partie n o C B.

Avant de pousser à fond cette seconde fraction de tranchée, on ouvrira au besoin un petit canal latéral, ou on recourra à tout autre moyen économique pour détourner des fouilles les eaux qui pourraient provenir du drain supérieur.

§ 7. — DIAMÈTRE USUEL DES TUYAUX.

Dans les nombreux projets rédigés et en partie exécutés dans l'Yonne, nous avons presque toujours employé pour drains ordinaires des tuyaux de 0ᵐ 028 à 0ᵐ 035 de diamètre et des collecteurs de 0ᵐ 053 à 0ᵐ 066.

Les grandes surfaces à drainer se décomposent naturellement dans les projets, en fractions de 3 à 6 hectares pouvant chacune s'assainir isolément et à des *époques successives*, ce qui donne plus de facilité au propriétaire et évite de fausses manœuvres.

Or, on trouve généralement qu'un collecteur de 5 à 6 centimètres suffit à l'écoulement des eaux recueillies par les drains ordinaires sur 4 à 6 hectares, lorsque sa pente par mètre est supérieure à 5 millimètres; que pour les drains ordinaires leur débit est assuré avec un diamètre d'environ 0^m03 et la pente ci-dessus (1).

Par économie il y a lieu fort souvent d'employer, pour la même ligne de drains et surtout pour les collecteurs, des tuyaux de calibres différents. Ainsi par exemple : pour les collecteurs on adoptera un diamètre de 0^m04 dans le tiers ou la moitié de leur cours en amont et de 0^m06 dans la partie inférieure.

§ 8. — LONGUEUR MAXIMUM.

On peut, sans les scinder par un collecteur, donner aux petits drains une longueur de 250 à 350 mètres, si la pente excède cinq millimètres.

Les collecteurs coupés par des regards (chap. XI) peuvent dans ces dernières conditions de pente, avoir un développement de 700 à 1000 mètres.

§ 9. — DRAINS EN ÉVENTAIL.

Si les parties supérieures d'une pièce de terre étaient

(1) Voir la page 36, note 1.

comparativement peu humides, on pourrait y placer économiquement les drains en éventail.

§ 10. — DRAINS DE CEINTURE.

Dans les reconnaissances on doit examiner si certains suintements, si un accroissement d'humidité ne proviennent pas, par infiltration, des champs supérieurs ; on recourt alors avec succès à des drains de *ceinture*, placés un peu profondément et qui se raccordent soit avec les drains ordinaires, soit au besoin avec un collecteur.

§ 11. — RACINES DES ARBRES.

Les tuyaux ne peuvent être établis avec une sécurité complète qu'à une distance de dix mètres au moins des arbres à *bois blanc*. Au-dessous de cette limite on devra recourir à des précautions spéciales qu'il est impossible d'indiquer d'une manière absolue.

XIII.

Fabrication des tuyaux.

Toutes les bonnes terres à briques, bien purgées de pierres et de corps étrangers, peuvent être employées à la fabrication des tuyaux de drainage.

Dans la préparation de la terre on opère comme pour les tuiles. On recourt habituellement à des tonneaux malaxeurs analogues à ceux en usage dans la confection des mortiers.

Si la terre renferme des substances étrangères, on la triture en la faisant passer entre deux cylindres en fonte placés horizontalement et ne laissant entre eux qu'un intervalle de trois millimètres. On peut aussi l'épurer en lui faisant traverser une grille à lames très serrées ou une plaque de fer criblée de petits trous.

L'opération du moulage des tuyaux est des plus simples :

en agissant par compression sur une masse de terre, renfermée dans un coffre, la terre s'écoule par des orifices annulaires ménagés à cet effet; on obtient ainsi des cylindres indéfinis qu'on découpe en morceaux de la longueur uniforme adoptée par le fabricant.

Les machines employées au moulage présentent des formes très diverses; mais, en somme, elles consistent toutes en un coffre destiné à recevoir la terre et dans l'une des parois duquel sont ménagées des ouvertures annulaires, en une table horizontale sur laquelle s'étendent les tuyaux, et en chassis mobiles portant des fils métalliques au moyen desquels on les découpe.

Pour la fabrication des manchons, on roule des tuyaux ordinaires ayant le diamètre voulu sur une planche garnie de lames d'acier espacées entr'elles de la longueur que l'on veut donner aux manchons, et présentant une saillie à peu près égale à la moitié de l'épaisseur des tuyaux. Les tuyaux se trouvent ainsi découpés en tronçons qu'on sépare facilement après la cuisson et au moment de l'emploi.

Le séchage et la cuisson sont des opérations ordinaires de briqueterie.

Le poids et le prix de vente des divers calibres de tuyaux provenant de la fabrique de Rouvray près Héry (1) sont indiqués ci-après :

---

(1) M. Mauvage, d'Héry, a perfectionné et inventé des machines à préparer les terres et à fabriquer les drains ; elles résistent à nos argiles compactes et fonctionnent bien. Il a monté ses ateliers en grand et livre des produits de bonne qualité.

NUMÉROS des tuyaux.	DIAMÈTRE INTÉRIEUR après cuisson.	ÉPAISSEUR du tuyau.	PRIX D'UN MILLIER DE TUYAUX (de 0,3418 de longueur).			POIDS DU MILLIER de tuyaux.
			Achat en fabrique.	Transport à 16 kil.	TOTAL à pied d'œuvre.	
1	2ᶜ 64	0ᶜ 480	22ᶠ	1ᶠ 65	23ᶠ 65	365 ᵏ.
2	2 88	0 805	24	3 00	27 00	679
3	3 50	0 819	26	3 50	29 30	755
4	4 27	0 910	35	4 15	39 15	942
5	5 57	1 000	45	5 15	50 15	1178
6	6 22	1 050	55	5 85	60 85	1332
7	6 62	1 195	65	7 60	72 60	1730
8	10 02	1 240	120	10 85	130 85	2473
9	12 55	1 180	180	15 40	195 40	3515
10	15 67	1 755	350	27 00	377	6320

Les tuyaux portant les nᵒˢ. . 4, 5, 6, 7, 8, 9,
sont divisés en quatre avant
la cuisson.

Ils forment manchons
pour les drains nᵒˢ . . . . 1, 2, 3, 4, 6 et 7, 8

Pour manchons, les prix des tuyaux portés à la colonne 4 du tableau sont augmentés de 5 pour 100. Ainsi un millier de manchons, de $\frac{0^m\,34}{4} = 0^m085$ de longueur, pour drains nᵒ 1, sera payé $c^i = 1/4\,(35 + 0,05 \times 35) = 9^f19$. Il faut trois manchons pour 1 mètre de drains.

Dans les calculs d'estimation on admet que trois tuyaux de $0^m\,3418$ ne produisent que le mètre courant ; par là on tient compte de la casse.

Les prix et les poids du millier de tuyaux multipliés

par 3 donnent les chiffres correspondants pour 1000 mètres courants de drains.

Pour établir les prix de transport, nous avons supposé qu'une voiture à deux chevaux était payée 12 fr. par jour, que son chargement était de 2,500 kilogrammes et son parcours journalier de 32,000 mètres. Les prix de la colonne 5 s'appliquent à une distance moyenne de 16 kilomètres.

XIV.

Exécution des drains avec tuyaux.

On donne aux tranchées la plus faible largeur possible. Pour les drains d'assèchement, une largeur au plafond de 0^m06 à 0^m07 est suffisante.

L'inclinaison des talus et l'ouverture en gueule dépendent de la nature du terrain et de la profondeur. Dans de bonnes conditions, les ouvriers exercés ouvrent des tranchées dont les talus n'offrent qu'un dixième de fruit.

Les instruments dont on se sert pour l'ouverture des tranchées, consistent surtout en bêches plates ou creuses, d'autant plus longues et étroites qu'elles sont applicables à de plus grandes profondeurs, en dragues destinées à curer le fond des tranchées, et en pelles ordinaires [1]. Dans les terrains résistants on ameublit le sol à l'aide de pioches et de pics ordinaires. On se sert de nivelettes pour le réglement du fond des tranchées.

Les tuyaux sont mis en place au moyen d'une tige en fer M N fixée à un manche en bois. On introduit la tige dans le tuyau, on l'enlève et on le dépose à la place qu'il doit occuper.

Pour les conduits avec manchons, la tige porte à son origine un épaulement dont la longueur C B est égale à la moitié de celle du manchon, et dont le diamètre A B est supérieur à celui des tuyaux et inférieur à celui des manchons.

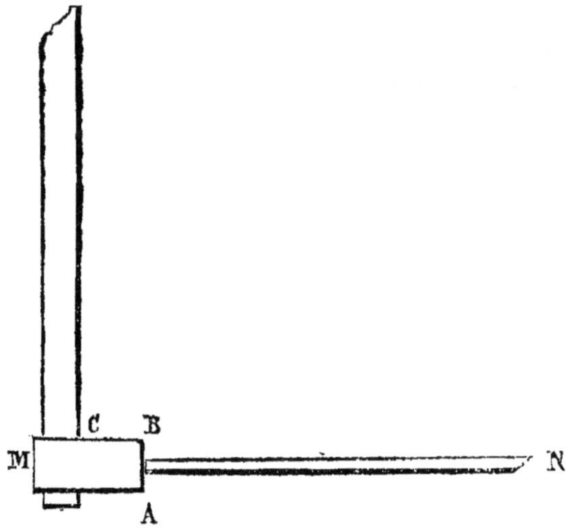

(1) Voir les planches 2, 3, 4, 5, 6 et 7. Ces outils ont été adoptés dans le département de l'Yonne après un grand nombre d'essais ; ils nous ont donné d'excellents résultats et sont déjà empruntés par un grand nombre d'ingénieurs.

Après avoir placé un tuyau et un manchon respective-
ment sur la tige et sur l'épaulement, on introduit l'extrémité libre du tuyau dans le manchon déjà mis en place et
on dépose les deux pièces à la fois au fond de la tranchée.

Quand on emploie les tuyaux sans manchons, il faut
avoir soin de recouvrir les joints au moyen de pierrailles
ou de débris de tuyaux cassés, par dessus lesquels on
tasse fortement des mottes de terre.

Le remplissage des tranchées se fait par couches successives de 0^{m}25 à 0^{m}30 que l'on pilonne soigneusement.

Les frais de main-d'œuvre pour l'ouverture des tranchées, la pose des tuyaux et le remplissage, peuvent être
évalués en moyenne à 0^f 20^c par mètre courant pour les
drains de 1^m 15 à 1^m 20 de profondeur. (Voir les prix du
tableau A, annexe n° 2, page 83).

XV.

Résultats financiers des opérations du drainage.

Les dépenses qu'occasionne le drainage varient nécessairement dans d'énormes proportions. Les indications du tableau ci-après paraissent pouvoir être appliquées à beaucoup de cas.

Les calculs de ce tableau sont faits dans les conditions suivantes :

Superficie à drainer de 3 à 6 hectares (les prix de revient par hectare diminuent lorsque la superficie du terrain à drainer augmente);

Emploi pour drains ordinaires de tuyaux n° 2 (diamètre 0,0288) et pour collecteurs de tuyaux n° 6 (diamètre 0,0622).

INDICATION.	PROFONDEUR des drains.	ESPACEMENT des drains.	QUANTITÉ par hectare. Longueur des drains.	Développ^t des collecteurs	DÉPENSES APPROXIMATIVES PAR HECTARE. Achat de tuyaux — Drains.	Collec-teurs.	Transport à 16 kil. moyennem^t.	Main-d'œuvre (1).	Frais accessoires.	TOTAL.
Drainage sans manchons . . .	0 90	8	1250	140	90^f »	23^f 10	11 f 25 +2 46	216^f 84	18^f 07	361^f 72
Aug^on pour add^on de manchons			5750	420	44 28	13 23	+4 82 +1 14			63 47
										425 19
Drainage sans manchons . . .	1 00	10	1000	140	72 »	23 10	9 » +2 46	194 94	15 62	317 12
Augmentation pour manchons			3000	420	35 43	13 23	+3 86 +1 14	»	»	53 66
										370 78
Drainage sans manchons . . .	1 20	12	833	140	59 98	23 10	9 96	201 41	16 54	310 99
Augmentation pour manchons			2499	420	29 51	13 23	4 36	»	»	47 10
										358 09
Drainage sans manchons . . .	1 25	15	667	140	48 02	23 10	8 46	175 12	14 53	269 23
Augmentation pour manchons			2001	420	23 63	13	3 71	»	»	40 57
										309 80
Drainage sans manchons . . .	1 50	20	500	140	36 »	23 10	6 96	144 64	12 16	222 86
Augmentation pour manchons			1500	420	17 72	13 23	3 07	»	»	34 02
										256 88
Drainage sans manchons . . .	1 50	25	400	140	28 80	23 10	6 06	140 40	11 88	210 24
Augmentation pour manchons			1200	420	14 17	13 23	2 68	»	»	30 08
										240 32

(1) Dans le calcul de la main-d'œuvre de fouille et pose applicable à

On admet que le terrain a une déclivité supérieure à 0^m01.

L'augmentation de prix résultant de l'emploi de manchons est donnée séparément. La pose des tuyaux avec manchons se fait plus régulièrement et plus facilement et l'addition de ces colliers diminue sensiblement la main-d'œuvre de pose.

On estime qu'en moyenne les opérations de drainage bien conduites donnent un bénéfice annuel de 10 pour 100 des sommes dépensées.

Dans beaucoup de cas, ce bénéfice s'élève jusqu'à 25 pour 100.

———

chaque cas particulier (Voir le tableau A annexe n° 2), on adopte 0,19 pour le prix type d'une tranchée de 1^m, 10 de profondeur $= h$ ci . . . . 0^m 19

Pour obtenir le prix x correspondant à une profondeur $a = 0^m90$. par exemple, on multiplie le chiffre 0^f19 par le rapport $\dfrac{a}{h}$; soit

$$x = 0,19 \times \frac{0^m90}{1^m10} = 0,16.$$

La difficulté de la fouille augmente, il est vrai, avec la profondeur ; mais d'un autre côté l'espacement, et par suite la profondeur croissent à mesure que le terrain devient moins compact, plus sablonneux, plus léger, plus facile en un mot ; la proportionnalité ci-dessus peut donc être admise sans erreur appréciable.

XVI.

Aspect général du département de l'Yonne au point de vue du drainage (1).

Le département de l'Yonne est l'un des plus variés dans ses richesses géologiques ; on y trouve le *granite*, terrain d'origine ignée qui forme, dans la partie méridionale, cette région montueuse si pittoresque, connue sous le nom de *Morvan*.

Les *terrains paléozoïques* n'y sont représentés que par une longue et étroite bande de grès houiller, qui se montre

(1) Je dois dédier ce chapitre à mon camarade et ami Belgrand ; son nom d'ailleurs est cher aux habitants de l'Yonne, et un article agronomique et géologique ne peut être mieux placé que sous son patronage.

à quelques kilométres au sud d'Avallon, près de Sainte-Magnance, et n'offre aucun intérêt.

Il en est de même du *trias* qui ne se révèle que par deux ou trois sources saumâtres des vallées de la Cure et du Cousin.

Le reste des terrains secondaires et les terrains tertiaires y occupent, au contraire, une étendue considérable.

Le *lias*, base des formations jurassiques, s'étend autour du Morvan en riches plateaux, prolongements de ceux qu'on a désignés dans la Côte-d'Or sous le nom d'*Auxois*.

Le canton de Guillon, une partie de celui de l'Isle et d'Avallon, doivent à ce terrain leur fertilité et le nom de *bon pays*, qui leur a été donné par les habitants du Morvan.

Les *marnes à bélemnites*, étage supérieur du lias, forment ces longues collines à pentes douces qui produisent les meilleurs vins de l'arrondissement d'Avallon ; ceux du Vault, d'Annay-la-Côte, de Rouvres, Montéchérin, Montfonte, etc., sont appréciés avec raison ; plus capiteux, plus foncés en couleur que ceux de l'Auxerrois, il ne leur manque que le bouquet pour rivaliser avec les bons crus de la Bourgogne.

Les terrains oolithiques occupent toute la partie moyenne du département. L'*étage inférieur* comprenant le calcaire à entroques, l'oolithe ferrugineuse et la grande oolithe, ne se montre que dans l'arrondissement d'Avallon dont il forme la partie septentrionale, et un peu dans celui de Tonnerre.

Le calcaire à entroques et l'oolithe ferrugineuse couronnent tous les bons vignobles des marnes à bélemnites. La grande oolithe qui donne l'excellente pierre de taille d'Anstrude, de l'Isle et Coutarnoux, apparaît sur une grande partie des cantons de l'Isle-sur-le-Serein, d'Avallon et de Vézelay ; elle constitue ces hautes collines à pentes rapides, où l'on n'aperçoit que pierrailles et maigres taillis et que dominent les plateaux non moins arides qui bordent les vallées de la Cure, du Serein, de l'Armançon, et celles en amont d'Arcy, de Noyers et d'Ancy-le-Franc.

L'*étage moyen*, formé de l'*oxford-clay* et du *coral-rag*, occupe en entier la vallée d'Yonne en amont de Bailly et les plateaux situés à l'ouest ; il traverse le département dans toute son étendue et forme une longue bande dont la limite Nord coupe les autres grandes vallées à Cravant, Chablis et Tonnerre.

Les assises minces de l'*oxford-clay* se composent de marnes et de calcaires argileux vulgairement appelés *pierre lithographique* ; ils ne peuvent se confondre ni avec les assises plus dures et plus puissantes de la *grande oolithe*, ni avec les belles roches de *coral-rag*, si connues des touristes qui ont visité le Saussois, Mailly-le-Château, dans la vallée d'Yonne, et les grottes d'Arcy dans celle de la Cure.

Néanmoins, à 1/2 kilomètre de ces grottes, les rochers pittoresques, dans lesquels est percé le tunnel de Saint-Moré, appartiennent à l'oxford-clay ; ils présentent exceptionnellement une assez grande dureté et renferment de nombreux silex.

Tant qu'elles traversent l'étage oolithique inférieur et le

coral-rag, les vallées sont étroites et contournées ; elles s'élargissent brusquement dans l'étage supérieur. Ce dernier repose, en effet, sur une assise marneuse formée d'argiles maigres et de plaquettes d'un calcaire à très-petites coquilles, ayant la forme d'une virgule (ostrea virgula) ; ces assises ont été facilement détruites par les courants diluviens qui ont creusé les vallées. On se rend donc compte du changement d'aspect et de caractère que présentent ces vallées. Dans l'étage supérieur elles sont peut-être aussi arides ; mais elles renferment d'excellents vignobles qui produisent les vins si connus de la Chaînette, Migraine, Irancy, Coulanges-la-Vineuse, Chablis et Tonnerre.

Les marnes, qui changent si complètement l'aspect de nos vallées et la qualité de leurs produits, portent le nom de *marnes de kimméridge* ; elles sont recouvertes par un calcaire blanc, mou, gélif, fréquemment employé à Auxerre : je veux parler du *calcaire de Portland*.

Les terrains oolithiques disparaissent sous la *craie inférieure* qui forme comme eux une longue bande traversant tout le département entre Saint-Sauveur et Saint-Florentin, à l'ouest d'Auxerre. Ce terrain occupe la contrée fraîche et verdoyante connue sous le nom de *Puisaye*. Entre Auxerre et Saint-Florentin, il a perdu beaucoup de son importance, morcelé qu'il est par les larges alluvions des vallées de l'Yonne, du Serein et de l'Armançon ; mais à l'est, sur la rive droite de cette dernière rivière, il forme cette série de collines basses et ondulées qui succèdent aux coteaux beaucoup plus accidentés des terrains oolithiques, à quelques kilomètres à l'aval de Tonnerre, et qui s'étendent presque jusqu'à Laroche.

La craie inférieure comprend le terrain néocomien, le gault et les grès verts inférieurs et supérieurs.

Le terrain néocomien est composé de calcaires et d'argiles compactes; le gault est presque complètement argileux; les grès verts sont argilo-sableux. Ces terrains, au point de vue qui nous occupe, ayant absolument les mêmes propriétés, nous ne nous étendrons pas plus longuement sur les caractères qui permettent de les distinguer l'un de l'autre.

La *craie supérieure* ou *craie proprement dite* occupe une étendue considérable dans le département ; elle est presque partout recouverte par les terrains tertiaires dont on va parler ; on ne la trouve à nu que sur le flanc des coteaux, dans la vallée d'Yonne, depuis Bassou jusqu'à Montereau, dans toute l'étendue de celle de la Vanne et dans les vallées secondaires de ces deux rivières, principalement sur la rive droite de l'Yonne.

Les *terrains tertiaires*, qui recouvrent tous les plateaux crétacés dans le nord du département, ont une physionomie très-incertaine et l'on n'est pas d'accord sur leur classement géologique. La base est formée d'une couche miroulée du silex de la craie ; souvent les silex sont empâtés dans une gangue très-dure et portent alors le nom de *poudingues de Nemours*. On rencontre des blocs considérables de ces *poudingues* près de Joigny, dans la vallée d'Armançon, vers Saint-Fargeau, etc. Au-dessus, s'étendent de vastes plaines, presque sans pente, formées de terres argilo-sableuses plus ou moins compactes. Les eaux pluviales s'y écoulent si difficilement qu'on laissait autrefois ces terres en friches, parsemées de larges flaques d'eau et de bruyères connues sous le nom de *gâtines*.

Aujourd'hui les choses ont bien changé; déjà le *Gâtinais* est devenu une des plus fertiles contrées du département de l'Yonne, et si l'on découvre encore quelques gâtines sur les rives du Loing, près de Bléneau, elles tendent chaque jour à disparaître devant les heureux efforts de l'agriculture. Le drainage aidant, ce pays ne tardera pas à perdre son mauvais renom, et l'ensemble des plateaux situés entre l'Yonne et le Loing, et sur la rive droite de cette dernière rivière, ne sera plus signalé que pour sa beauté et la richesse de ses produits.

Les terrains tertiaires s'étendent bien au sud du département; la mer, ou le lai tertiaire qui les a formés, couvrait tous les plateaux compris entre l'Yonne et la Cure à l'aval de Vézelay. Mais de nombreux îlots, composés de calcaires oolithiques, émergeaient au-dessus; aussi les dépôts argilo sableux, qui contrastent par leur humidité constante et par beaucoup d'autres caractères extérieurs avec les collines oolithiques des étages supérieurs, ont-ils l'aspect du fond d'un étang desséché.

Les mêmes argiles sableuses se sont étendues sur les plateaux de la rive droite de l'Yonne, à l'aval de Joigny; elles y forment un contraste très-remarquable avec les flancs crayeux des coteaux qui les supportent. Ceux-ci, impropres à la culture du bois, sont presque totalement nus; les argiles sableuses sont, au contraire, ceux des terrains qui conviennent le mieux à la silviculture ; aussi, l'une des plus belles forêts du département, la forêt d'Othe, couvre-t-elle la majeure partie du terrain tertiaire de la rive droite de l'Yonne.

Enfin des terrains d'une origine bien plus récente, apparaissent sur une assez grande étendue du département.

Presque toutes nos vallées ont été creusées par les courants diluviens ; les détritus produits par ces érosions tapissent leurs thalwegs; c'est au nord d'Auxerre, de Chablis et de Tonnerre, dans la traversée de la craie inférieure, que ces alluvions forment les plus vastes dépôts. Les riches plaines d'Appoigny, de Seignelay et de Saint-Florentin, reposent sur les terrains d'origine toute récente.

M. Belgrand a fait remarquer, il y a quelques années, que les alluvions des vallées sont fertiles, surtout lorsque les cours d'eau qui les sillonnent ont des crues violentes. Si au contraire ces cours d'eau sont calmes et sans crues, les alluvions se couvrent de tourbes ou de prairies humides. Le département de l'Yonne offre des exemples frappants de ce phénomène.

Les vallées des rivières torrentielles l'Yonne, le Serein et l'Armançon, sont connues par leur fertilité. Celles à l'abri des crues telles que la Vanne, l'Orvanne, etc., sont marécageuses et même tourbeuses.

Cherchons maintenant quel parti l'agriculture peut tirer du *drainage* dans les différents terrains.

Les terrains à drainer sont ceux imperméables aux eaux pluviales, car les terres perméables sont drainées naturellement par leur sous-sol ; on est dès lors conduit à exa

miner en premier lieu quelles sont les *régions imperméables* du département.

M. Belgrand a déterminé ainsi le degré de perméabilité
des différents étages géologiques que nous venons de passer en revue :

Lorsqu'une vallée est imperméable, les eaux pluviales
s'écoulent à la surface, elles affluent avec une grande rapidité
au fond des ruisseaux et y produisent des crues très-vio-
lentes ; il faut donc des ponts très-considérables pour faire
écouler les crues.

Si au contraire le sol d'une vallée est perméable, les
eaux pluviales n'arrivent aux thalwegs qu'en passant par
les sources, et le débouché des ponts doit être très-petit :

En étudiant les ponts construits sous les routes du département, on trouve que les débouchés nécessaires par
kilomètre carré de vallée sont compris entre 0^m50 et 1^m50
pour le granit, le lias, la craie inférieure et les terrains
tertiaires, et entre 0^m et 0^m, 03 pour les terrains oolithiques
et la craie proprement dite.

Les quatre premières sortes de terrains sont donc imperméables et les deux dernières perméables ;

Par conséquent il faut retrancher des terrains à drainer,
les trois étages oolithiques, la craie supérieure, et, comme
on le fera voir tout à l'heure, la partie des alluvions comprises dans les vallées de l'Yonne, du Serein et de l'Armançon.

Les terrains oolithiques occupent une large zone cir-
conscrite par Fontenay, Saint-Père, Vézelay, Tharoiseau,
Levault, Givry, Girolles, Tharot, Annay-la-Côte, Lucy-le-

Bois, Thory, Tour-de-Pré, Dissangis, L'Isle-sur-le-Serein, Blacy, Marmeaux, Santigny, Montelon, Perrigny, Pisy et Vassy-sous-Pisy, Anstrudes et Chevigny-le-Désert, du côté du sud, puis par Saint-Sauveur, Leugny, Chevannes, Escamps, Auxerre, Pontigny, Charrey, du côté du nord.

La craie proprement dite parait sur toute la rive droite de l'Armançon et de l'Yonne, en faisant abstraction des terrains tertiaires qui couvrent les plateaux ; mais comme ces plateaux sont presque partout boisés, il ne reste à drainer que des lambeaux insignifiants.

Sur la rive gauche des deux rivières, la craie occupe une grande partie de la vallée du Tholon, depuis Aillant, et la pente de tous les coteaux, jusqu'à Montereau.

En retranchant de la surface du département tous les terrains et les belles plaines d'alluvions d'Appoigny, Seignelay, Saint-Florentin, il restera encore une immense superficie à laquelle le drainage pourra être avantageusement appliqué.

Quel sera l'effet utile obtenu par le drainage pour chaque nature des terrains imperméables ?

Granits. L'imperméabilité du granit tient à ce qu'il n'est pas formé de strates régulières ; car, fendillé dans tous les sens, il laisse les eaux pluviales descendre jusqu'à une certaine profondeur ; mais, à défaut d'issues, ces eaux séjournent dans le sol. Ainsi, dans les saisons humides on le trouve constamment imbibé comme une éponge, quoiqu'il soit sec à la surface (1).

(1) Ces terres brûlantes en été, sont très-froides pendant l'hiver

C'est à cet état habituel que le Morvan doit à la fois sa végétation luxuriante, l'infertilité de ses terres arables, et ses prairies très-étendues, mais presque toujours trop humides, quand elles ne sont pas tourbeuses.

On y remédierait assurément par le drainage ; mais le *Morvan* est aussi pauvre que pittoresque, et avant de drainer en grand, il faut se livrer à des essais et examiner surtout la question au point de vue financier.

Le *lias* ou *bon pays* qui entoure le Morvan, est au contraire extrêmement fertile ; les récoltes n'y manquent la plupart du temps que par excès d'humidité ; de plus, au moment des labours, les terres sont inabordables lorsque la saison est humide. Le drainage, sous tous les rapports, y produira le plus heureux effet, et on ne doit pas hésiter à en faire l'application, dans le canton de Guillon, dans la partie sud de ceux de l'Isle et de Vézelay, et la partie nord de celui d'Avallon. Néanmoins cette opération doit être tentée avec prudence dans quelques prairies privées de la possibilité d'irriguer et qui auraient à souffrir d'un drainage mal compris et par suite d'un dessèchement exagéré.

La *craie inférieure* se présente à peu près dans les mêmes conditions que le *lias*. Les terres argilo-sableuses sont aussi imperméables ; mais, moins naturellement fertiles, elles ne donneront jamais d'aussi grands produits. Toutefois le drainage peut leur être appliqué fort utile-

et ne conviennent pas au blé. Le seigle plus robuste résiste mieux aux effets de l'humidité et de la gelée.

. 4.

ment, et sur une large échelle, dans les cantons de Saint-Sauveur, Saint-Fargeau, Toucy, Seignelay, Pontigny, Saint-Florentin et Flogny. On doit faire sur le drainage des prés *dans la craie inférieure*, les mêmes réserves que pour *le lias*.

C'est surtout dans les terrains tertiaires du nord de la Puisaye et du Gâtinais que, par le drainage, on obtiendra les résultats les plus saillants. Le canton de Bléneau presque tout entier, est le plus triste exemple de ce que devient l'agriculture dans un sol naturellement fertile, mais refroidi par l'imperméabilité du sol.

Les plateaux qui forment ce canton, et en général ceux compris entre l'Yonne et le Loing, présentent la même disposition topographique que les terrains de la Brie. Ainsi, d'une vallée à l'autre, ils s'étendent en vastes plaines, presque sans pente, à la surface desquelles les eaux pluviales séjournent pendant toute la saison humide.

Lorsque l'année est favorable, les terres du canton de Bléneau, qui ont été bien marnées, convenablement fumées et cultivées avec soin, produisent à peu près autant de blé que celles de la Brie, et, cependant, celles-ci se louent aujourd'hui de 100 à 150 francs l'hectare. Ces prix, quoique considérables, ne sont toutefois pas exagérés, car les bons cultivateurs s'y enrichissent. Dans le canton de Bléneau, au contraire, un fermier végète et succombe sous un prix de location qui dépasse 20 francs par hectare.

Une pareille anomalie, cette prodigieuse différence entre le taux des fermages appliqués à des terres qui ont tant d'analogie, doit être attribuée surtout au défaut d'assainissement et à l'état d'insalubrité du canton de Bléneau.

L'humidité du sol compromet souvent la récolte de céréales ; elle rend la culture de la luzerne impossible presque partout, et, ce qui est plus grave encore, elle réagit sur la population et produit ces fièvres paludéennes, ces nombreux états morbides qui laissent le cultivateur sans énergie, et sans forces.

Qu'on visite une ferme du canton de Bléneau, elle offrira de suite un aspect insolite : la femme ne travaille pas ; des domestiques tiennent sa maison, ses étables, sa basse-cour. Elle souffre et se repose, quand elle n'est pas forcée de soigner elle-même de plus souffrants qu'elle. Le fermier, de son côté, est entouré d'un nombreux personnel. Entre-t-on dans les détails de la culture, on reconnaît qu'on a généralement adopté l'assolement le moins pénible, mais aussi le moins productif : *blé, avoine, trèfle et jachères pendant plusieurs années.*

A quoi attribuer cet état de langueur, cette mollesse, ce découragement qui frappent toute une population, et viennent ainsi abâtardir une classe d'hommes, les cultivateurs, dont le noble métier exige à la fois tant de force et d'intelligence ? C'est, évidemment pour moi, la conséquence fatale de l'insalubrité, du défaut d'assainissement de cette contrée, si heureusement placée pourtant pour concourir largement à l'accroissement de la richesse nationale.

Un doute est-il possible encore ? Qu'on descende à quelques kilomètres au sud dans les terrains oolithiques, on y trouvera l'homme victorieusement en lutte avec un sol pierreux, ingrat, presque stérile naturellement ; et cependant les jachères tendent tous les jours à disparaître, les prairies artificielles se développent sur une large échelle et l'agriculture progresse rapidement. Dans les pays vignobles des terrains oolithiques, tels que le canton de Coulanges, Vermenton, etc., le labeur est plus rude encore ; femmes, hommes, enfants, la population entière en un mot, travaille à la terre presque toute l'année sur des coteaux exposés au levant ou au midi, c'est à-dire sous les ardeurs d'un brûlant soleil.

Je signale entre autres, un canton dans lequel cette dissemblance est frappante : celui de Saint-Sauveur. Une partie de son territoire, comprenant les communes de Sainpuits, Lainsecq, Thury et Sougères appartient au terrain oolithique, et une autre partie aux terrains imperméables de l'étage crétacé (1). Dans la première, que l'on

1) D'après le recensement de 1825 (Extrait de la statistique du canton de Saint-Sauveur, par M. Robineau-Desvoidy, 1838),

La forterre comprend : Sougères, Thury, Lainsecq, Perreuse, et Saint-Puits. Elle comptait en 1825 . . . . . 4,128 habitants. Elle a eu en 36 ans . . . . 4,033 naissances

La Puysaie (canton de Saint-Sauveur) comprend : Saint-Sauveur, Moutiers, Ste-Colombe.

Elle avait en 1825 . . . . 2,667 habitants. En 36 ans, on a inscrit. . . . . 3,558 naissances

Les communes mixtes du même canton sont : Fontenoy, Saints et Treigny ; elles comptaient. 4,250 habitants. Et en 36 ans. . . . . 4,322 naissances

Ces chiffres sont une nouvelle preuve de l'influence climatérique qui se résume d'ailleurs par les faits suivants :

appelle *la forterre*, l'homme est en général grand, fort, actif, entreprenant, belliqueux, d'une intelligence et même d'une finesse passée en proverbe dans le pays. Dans l'autre appartenant à la Puisaye, le cultivateur se caractérise presque toujours par les défauts opposés. Il est petit, faible, lymphatique, attaché au sol qui l'a vu naître; il est généralement timide et d'une lenteur d'esprit qui n'est pas moins proverbiale que la finesse du *forterrat*.

Un fait assez remarquable s'est produit dans l'arrondissement de Sens, lors de la dernière révision opérée en 1856. Tous les cantons, à l'exception de celui de Chéroy, ont fourni très-facilement leur contingent pour la levée de 140,000 hommes.

Dans ce dernier canton, où les marais dominent, où la presque totalité des terres réclame le drainage, où la population présente un aspect maladif et débile, il a été impossible au Conseil de trouver le nombre d'hommes fixé par la répartition proportionnelle. Dans les autres cantons, au contraire, non-seulement le contingent a été atteint; mais un nombre assez notable de jeunes gens ont été libérés par leurs numéros.

Les mêmes circonstances se sont reproduites dans les cantons de Bléneau, de Saint-Fargeau et dans la partie de celui de Saint-Sauveur qui se trouve comprise dans l'ancienne Puisaye.

La durée moyenne de la vie était en 1825, savoir :

Dans la Puysaie . . . . 50 ans.
Dans la forterre . . . . 41 ans.
Dans la commune de Thury . . . . . . 46 ans.

De pareils contrastes dans les mœurs, les habitudes, ne peuvent s'expliquer, dans des populations qui se touchent de si près, qu'en tenant compte de l'influence du terrain (1); aussi avons-nous la conviction que, lorsqu'on aura drainé sur une large échelle les terrains tertiaires des plateaux compris entre l'Yonne et le Loing, non-seulement les récoltes des céréales seront plus sûres et de meilleure qualité, la culture de la luzerne et l'élève du bétail prendront plus d'extension, mais qu'on aura produit surtout une amélioration hygiénique qui rendra à la population l'énergie et la force qui lui manquent.

Les *terrains tertiaires* s'étendent également, comme nous l'avons dit, sur les plateaux compris entre l'Yonne et la Cure; mais leurs effets sont moins désastreux, parce

(1) Je n'ose sortir ici du cadre que je m'étais tracé et exprimer ma pensée toute entière ; mais s'il m'était permis de faire une incursion dans le domaine de la politique, je traiterais la question suivante :

Pourquoi les contrées marécageuses du département de l'Yonne, et généralement celles qui sont appelées à être promptement drainées sur toute leur étendue, ont-elles si facilement admis les principes de 1848? — Pourquoi les cantons de Saint-Fargeau, Bléneau, Saint-Sauveur, etc., ont-ils des premiers marché dans une voie, dont chaque jour, hâtons-nous de le dire, ils perdent la trace ? Je ne sais quels nouveaux arguments je pourrais invoquer, mais assurément j'arriverais à conclure que ces dangereuses tendances politiques, que ces aspirations vers un changement quel qu'il soit, ont fatalement leur source dans la maladie, dans l'atonie morale qui en est la suite, dans l'inintelligence, le défaut de courage, et dans les atteintes de la souffrance ou d'un malheur qu'on n'a plus la force de combattre.

que les populations ont pu se réfugier sur les ilôts oolithiques dont les plateaux sont parsemés ; néanmoins le
drainage leur sera avantageusement appliqué. Les terres
tertiaires se distinguent facilement des terres oolithiques ;
elles produisent en abondance la bruyère et le genêt qu'on
ne trouve jamais dans les terrains oolithiques ; leur pré-
sence désigne suffisamment les points à drainer.

Alluvions. Nous avons dit que les plaines d'alluvions
des vallées de l'Yonne, du Serein et de l'Armançon, n'a-
vaient besoin du drainage que sur quelques points où il
existe des sources qui imbibent le sol. Les terres de ces
plaines reposent en effet sur une couche de grève qui agit
comme dérivatif, bien plus énergiquement que ne pourraient le faire des tuyaux. Dans d'autres vallées telles que
celle de la Vanne, par exemple, les alluvions forment un
sol tourbeux et humide qui demande évidemment à être
assaini. Mais dans les terrains où l'excès d'humidité résulte de la trop grande élévation des eaux d'une rivière,
l'assainissement doit faire l'objet d'un travail d'ensemble,
dont la description ne saurait trouver ici sa place.

FIN

ANNEXE N° 1.

Formule de marché avec un entrepreneur pour des travaux de drainage.

TRACÉ GÉNÉRAL.

Art. 1er. — Dans le piquétement sur le terrain des collecteurs, drains d'assèchement, regards et ouvrages accessoires, l'entrepreneur suivra exactement les indications des plans et nivellements, et les instructions spéciales qui seront inscrites sur les feuilles de dessins.

Avant l'installation des chantiers, le tracé sera vérifié et complété au besoin par un ingénieur ou par un agent de l'administration des ponts et chaussées; l'entrepreneur devra faire lui-même tous les tracés et assister à leur vérification.

PIQUETS DE NIVELLEMENT.

Art. 2. — Des piquets repères, de 0^m 05 environ de

diamètre et 0^m 45 de longueur, seront plantés comme il suit :

Pour les collecteurs : à 0,50 à gauche de l'axe (en descendant),

Pour chaque drain ordinaire, sur l'axe même de la tranchée.

Ils seront placés à l'origine, à l'extrémité inférieure et à tous les changements de pente et de direction.

Le piquet de hauteur de l'extrémité aval (embouchure) des petits drains, sera planté sur le prolongement de la ligne du drain et à 0,50 au delà de l'axe du collecteur.

PIQUETS. — HAUTEUR.

Art. 3. — La tête de chaque piquet sera arasée à une hauteur constante (de 1^m 20 par exemple) en contre haut du fond de la tranchée à ouvrir au point que l'on veut repérer.

Il sera dégarni de terre d'un côté sur 8 à 10 centimètres de hauteur ; et sur ce côté, mis ainsi à découvert, on inscrira le numéro correspondant du plan et nivellement. (On se servira autant que possible de peinture à l'huile pour l'inscription).

OUVRAGES A L'ENTREPRISE.

Art. 4. — Les ouvrages à exécuter par l'entrepreneur comprennent :

1º Ouverture et dressage des tranchées ;

2º Second remplissage des tranchées ;

3º Bardage en civière des tuyaux et manchons à une

distance moyenne de 100 mètres et distribution sur le bord des tranchées (1).

Feront l'objet de marchés particuliers ou seront exécutés à la journée, les ouvrages d'art accessoires tels que : regards en maçonnerie et grilles des bouches de collecteurs, détournement des eaux de source, établissement de fontaines et de bassins de jaugeages, blindages dans les terrains mouvants.

Détails d'exécution.

FOUILLE DES TRANCHÉES.

Art. 5. — Les arêtes des tranchées seront marquées au cordeau et ciselées à la bêche ; une première levée sera faite tout d'abord entre ces arêtes.

La terre *végétale* provenant des fouilles sera toujours retroussée du même côté et déposée à 0m 25 au moins en dehors de l'arête ; on aura soin de ne pas la mélanger vec les argiles ou graviers du sous-sol.

(1) La pose des tuyaux et le premier remplissage, sur une hauteur d'environ 0,25, devront généralement être exécutés par un ouvrier expérimenté, désigné au propriétaire par l'administration. Toutefois, dans le cas de grands travaux auxquels un surveillant *spécial* serait attaché, ou si un propriétaire voulait diriger personnellement ses chantiers et surveiller la pose, on pourrait sans inconvénient charger l'entrepreneur lui-même de cette délicate opération.

Les déblais du sous-sol seront jetés sur l'autre bord et à la *main de l'ouvrier.*

PREMIER REMPLISSAGE.

Art. 6. — Le premier remplissage, sur une épaisseur de 0ᵐ 25 environ, aura lieu au fur et à mesure de la pose des tuyaux et dans un délai de 2 heures au plus. La partie la plus argileuse des terres retroussées sera reprise pour être placée immédiatement sur le drain.

DRESSAGE ET SECOND REMPLISSAGE.

Art. 7. — Le fond de la tranchée devra être réglé à la drague et mis en état avant la pose. Les frais de cette opération sont compris dans le prix du mètre courant d'ouverture de tranchée.

Lors du comblement de la tranchée, la couche de terre végétale sera naturellement reprise en dernier pour former la couche supérieure du sol.

Le remblais s'exécutera par couches successives de 0ᵐ 25 au maximum et au plus tôt deux jours après la pose des tuyaux. Chaque couche sera piétinée ou pilonnée.

POSE DES TUYAUX.

Art. 8. — Aussitôt que la couche de terre végétale a été jetée en réserve sur l'un des bords de la tranchée, et sous forme de cordon, les tuyaux sont distribués sur ce cordon même et mis à la main du poseur.

Chaque tuyau est d'avance introduit dans son manchon ; il doit pouvoir s'y engager facilement.

On procède à la pose aussitôt que la tranchée est terminée, et quand le fond est réglé et vérifié.

Art. 9. — Les tuyaux et manchons sont calés au fond de la tranchée au moyen de petites *pierres* ou de terre émiettée, pilonnée avec la *broche à poser*. On les recouvre immédiatement d'une couche de terre *argileuse* de 0m 25 d'épaisseur damée avec précaution.

Art. 10. — Le tuyau descendu dans son emplacement sera frappé avec le dessous de la broche pour être mieux assis ; quelques petits coups donnés à son extrémité aval assurent la jonction avec le drain déjà mis en place.

Art. 11. — Les gros drains et collecteurs se posent à la main : Les tranchées sont assez larges pour recevoir l'ouvrier et il devient facile d'assujettir chaque tuyau, de le caler, d'obtenir les contacts bout à bout et d'éviter les ondulations.

Art. 12. — L'aréte supérieure des tuyaux des divers calibres doit se trouver dans le même plan à leur point de raccordement ; à cet effet, le fond des tranchées des collecteurs sera établi à 5 ou 6 centimètres en contre bas de celui des petits drains.

Art. 13. — La tranchée, si elle est boueuse, sera balayée au fur et à mesure de la pose et au besoin régalée et damée à nouveau à l'aide de la drague courbe.

Art. 14. — Aussitôt après la pose du premier tuyau de chaque drain, son extrémité d'amont sera d'abord soigneusement bouchée avec une pierre plate recouverte par un manchon d'argile grasse ; plus tard on enveloppera ce premier manchon dans un petit massif de pierres provenant des déblais de la fouille et cassées à la grosseur d'un œuf.

Art. 15. — Les manchons ou collecteurs qui seront brisés dans le transport ou l'ajustage devont être utilisés en demi-manchons, ils seront exclusivement employés dans les parties supérieures des tranchées.

QUALITÉ DES TUYAUX.

Art. 16.—On n'admettra sur le chantier que des tuyaux de bonne qualité, rendant par le choc un son sec, très clair, vif.

Ils ne doivent pas renfermer de grumeaux isolés de chaux.

Art. 17. — Après un séjour de 10 heures dans l'eau, les bons drains ne doivent pas en absorber une quantité supérieure à 15 p. 0/0 de leur poids primitif.

Un plus long séjour dans l'eau ne doit pas augmenter le poids constaté après 10 heures d'immersion (1).

Art. 18. — Sera rebuté tout tuyau ayant, dans le sens longitudinal, une flèche supérieure à six millimètres ou formant en section un ovale de plus de 0,01.

(1) Bouillis pendant 10 minutes dans une dissolution de deux parties de sulfate de soude et une partie d'eau, puis exposés à l'air humide pendant 3 ou 4 jours, les tuyaux ne doivent pas se briser. Les bons tuyaux exposés à l'air doivent résister aux premières gelées d'hiver.

Art. 19. — *Tableau descriptif des Collecteurs et Drains ordinaires.*

DÉSIGNATION du Collecteur.	Sa longueur.	PENTE		COTE GÉNÉRALE		PROFONDEUR sous le terrain naturel ou sous le piquet de nivellement		OBSERVATIONS.
		totale.	par mètre.	à l'origine.	à l'embouchure.	à l'origine.	à l'embouchure.	

PRIX COURANTS.

Art. 20. — Les travaux seront payés aux prix ci-après : (1)

1º Prix de un mètre courant de tranchée de 0ᵐ 10 de largeur au fond et d'une hauteur moyenne de 1ᵐ 20 pour les collecteurs, y compris retroussement des terres et régalage. . . »

2º Prix de un mètre courant de tranchée de 0ᵐ 07 de largeur au fond et d'une profondeur

(1) Voir comme renseignement le bordereau (annexe nº 2 ta bleau A). On y a inscrit comme exemple la moyenne des prix courants des travaux exécutés dans l'Yonne dans les conditions les plus générales.

moyenne de 1^m 15 pour drains d'assèchement,
y compris retroussement des terres et régalage.   .   »

Bardage et distribution des tuyaux pour collecteurs, drains et manchons au mètre courant.   .   »

Second remplissage des tranchées et pilonnage pour collecteurs au mètre courant .   .   .   .   »

Second remplissage des tranchées et pilonnage pour drains ordinaires au mètre courant .   .   »

Conditions générales.

Art. 21. — L'ouvrier poseur, choisi par l'entrepreneur, devra être agréé par le Directeur des travaux ou par le propriétaire. Il sera payé à la journée et non employé à la tâche ; il devra être changé et remplacé immédiatement sur l'invitation motivée du Directeur.

OUTILS.

Art. 22. — L'entrepreneur fournira tous les outils ainsi que les cordeaux, jalons, piquets et mirettes.

Les bêches de surface, pelles, pioches, pics, seront choisis parmi les meilleurs de ceux en usage dans le pays.

Les outils spéciaux de drainage, tels que bêches de première levée et de fond, pelles en tôle, dragues, posoirs et martelets, devront être établis dans de bonnes conditions et acceptés par le directeur des travaux (1).

(1) L'administration pourra livrer pendant 15 jours à un entre-

Art. 23. — L'entrepreneur se soumet aux clauses et conditions générales jointes à la circulaire de M. le Directeur général des Ponts et Chaussées du 25 août 1833, en tout ce à quoi il n'est pas dérogé par le présent marché.

Fait double entre les soussignés.

A   le   185

preneur une série complète pour servir de modèle. Ces outils devront être rendus en bon état ou payés aux prix suivants :

Prix des outils conformes aux types des planches et livrés par le sieur Déguy, de Seignelay (Yonne).

Première série d'outils pour un atelier de 3 hommes :

1° Une grande bêche de 0^m 40 de fer, manche à œil (planche 2). 9ᶠ 50

2° Une bêche de fond de 0^m 40 de fer, à pédale, manche à œil (planche 3) 9 50

3° Une pelle en tôle à manche courbe (planche 4) 2 50

4° Une drague dite curette (planche 5) . . . 6 00

27ᶠ 50

Seconde série générale pour un chantier de 4 à 5 ateliers.

Une drague pour collecteur à petit manche (pl. 6) 7ᶠ 50

Une id   id   long manche (pl. 6) 7 50

Une id pour drains ordinaires à long manche (planche 6) 6 00

Un posoir à mandrin mobile (planche) . . . 4 00

Un martelet à ajuster (planche 7) 2 00

27ᶠ 00

5.

ANNEXE N° 2.

TABLEAU A

Dépense approximative en main-d'œuvre pour ouverture de tranchées et pose de tuyaux dans diverses natures de terrains.

Profondeur moyenne 1ᵐ 10

Largeur de tranchée au fond de . . 0ᵐ 07 à 0ᵐ 10.

NUMÉROS D'ORDRE.	NATURE DU TERRAIN.		PRIX PAR MÈTRE COURANT pour une profondeur de tranchée de 1ᵐ 10.						PRIX TOTAL.	
	SOL ou terre arable. (Couche de 0,25 à 0,50).	SOUS-SOL. (Épaisseur 0,85 à 0,60).	Feuille et jet.		Approche de tuyaux, pose et 1ᵉʳ remplissage.	Dernier remplissage de tranchée et pilonnage.	Usure des outils.	Frais généraux et bénéfice.	Minimum.	Maximum.
			Minimum.	Maximum.						
1	Terre arable sablonneuse.	Argilo-sableux compact.	0.07	0.10	0.03	0.020	0.010	0,015	0.145	0.175
2	Terre argileuse.	Argile compacte et marne.	0,08	0.12	0.03	0.025	0.010	0.020	0.165	0.205
3	Argileux.	Glaise et marne argileuse.	0,08	0.15	0.03	0.03	0.010	0,015	0.165	0.235
4	Ordinaire et fer peroxydé.	Argile plastique. gravier et rocaille.	0,10	0,15	0,035	0.03	0.015	0,015	0,195	0.245
5	Terre argileuse.	Id. plus pierre calcaire 1/7 environ.	0.12	0,25	0,04	0.02	0,015	0,02	0,215	0,345
6	Sablonneux.	Marne dure et pierre meulière.	0.20	0,34	0,04	0,02	0.020	0,025	0.305	0,445
6 bis	Id. (1)	Id. (L'extraction de la pierre se paye à part).	0.12	0,25	0,04	0,02	0.020	0,025	0,235	0,365
7	Terrain ordinaire de la Puisaye. (2)	Schistes argileux, filons de marne, rognons et gangue calcaire.	0,13	0,20	0,04	0.02	0.02	0,025	0,235	0,305
8	Terre sablonneuse.	Tuf dur sans pierre.	0,12	0.16	0,035	0.02	0.015	0,02	0.210	0,250
9	Id.	Id. avec pierre, 1/6 environ.	0,20	0.40	0,04	0.02	0.025	0,02	0,305	0.505
9 bis	Id.	Id. (La pierre extraite est payée séparément à 6 fr. le mètre cube).	0,15	0.20	0,04	0,02	0.025	0,02	0,255	0,305

(1) Dans les terrains pierreux il est généralement plus facile et moins chanceux d'évaluer séparément le cube de la pierre extraite de la tranchée et de la payer à raison de 5 à 8 fr. le mètre cube. En outre, on tiendra compte de l'excédant de largeur qu'on doit donner aux fouilles pour faciliter l'extraction de la pierre : à cet effet on augmentera de 1/6 à 1/3 les prix du tableau qui s'appliquent à un terrain non pierreux. A l'article 6 bis et 9 bis on suppose que la pierre extraite est payée à part.

(2) Prix de revient des travaux exécutés à Saint-Fargeau par M. le marquis de Boisgelin. La première machine à fabriquer les drains a été introduite dans le département de l'Yonne par cet habile agronome ; il a su former des ouvriers et a appliqué, puis propagé les bonnes méthodes de drainage. Nul exemple ne pouvait être mieux et plus utilement donné.

ANNEXE N° 3.

Expression graphique des principaux éléments servant à établir les prix de revient du Drainage

OU

Traduction géométrique des deux tableaux, planches 8 et 9.

Le système des courbes, généralement commode d'ailleurs, permet ici d'embrasser d'un seul coup d'œil les données élémentaires et d'un usage habituel dans les opérations de drainage ; il évite des recherches et dispense de recourir à des tableaux compliqués.

D'un autre côté, cette méthode graphique offre un moyen de contrôler des calculs qui, généralement dans la question qui nous occupe, reposent sur des hypothèses plus ou moins exactes, sur des expériences assez peu concluantes, et dont l'application est d'autant plus difficile que les résultats obtenus offrent, d'une contrée à l'autre, des écarts souvent considérables.

On comprend que les différents prix, poids et dimensions, obtenus à priori, ou déduits d'expériences qui n'ont entre elles aucune connexité, on conçoit, dis-je, que ces chiffres exactement reproduits par des ordonnées, sans avoir été modifiés après coup, ne sauraient par leur réunion donner une courbe mathématiquement exacte ; mais on reconnaîtra ici (planches VIII et IX) que les différences entre les ordonnées réelles de ces courbes et celles des tableaux, sont très-faibles et peuvent, sans inconvénient, être négligées dans la pratique.

Ce procédé a été déjà utilement appliqué à l'usine de Rouvray ; il a servi à revoir et à modifier les calculs faits par le fabricant pour établir les prix courants de ses tuyaux ; il s'est rapproché des prix donnés par les courbes, quand il ne les a pas rigoureusement adoptés.

Je crois inutile de dire que ce mode de traduction graphique, pour ceux qui, comme moi, se méfient quelque peu des calculs purement théoriques, fournit un moyen *d'interpolation* facile et suffisamment exact dans la pratique.

Quelques mots sur chacune des deux courbes des planches VIII et IX compléteront ma pensée et en faciliteront l'application.

Veut-on avoir le prix et le poids d'un millier de tuyaux dont le diamètre, après cuisson, serait de 0^m102, on lira sur la ligne des abscisses (planche VIII), au point n° 8, l'ordonnée 2,473 kil. de la première courbe ; c'est le poids d'un millier.

Cette même perpendiculaire, prolongée jusqu'à la courbe n° 2, donnera le prix 120 fr. du millier de tuyaux du calibre ci-dessus, pris en fabrique.

Les différences des ordonnées, ou portions des perpendiculaires comprises entre les courbes n°s 2 et 3, représentent le prix de transport du millier de tuyaux dans un rayon moyen de 16 kilomètres.

L'addition de ces deux derniers prix, ou l'ordonnée de la

courbe n° 3, donnera évidemment le prix du millier de tuyaux, rendu à pied d'œuvre, dans un rayon moyen de 16 kilomètres.

Maintenant veut-on éviter des calculs et savoir ce que, par exemple, coûteraient et pèseraient des tuyaux de 0^m085 de diamètre, non encore fabriqués ou expérimentés ?

A partir de O, origine des abscisses, on mesurera 0^m085 à l'échelle de 1 pour 1 ; soit P le point ainsi obtenu : on élèvera en P une perpendiculaire, et en *pinçant* les ordonnées à l'échelle, on obtiendra directement :

PQ = *Poids* du millier de tuyaux, = une longueur linéaire de 0^m0195 qui, à l'échelle du plan, c'est-à-dire à raison de 1 millimètre pour 100 kilogrammes, représente 1,950 kilogrammes.

PR = *Prix* du millier en fabrique = à une hauteur de 0^m0443. Chaque demi-millimètre de l'ordonnée représente 1 fr. et le prix cherché sera $2 \times 1 \times 44$ mil. 30 = 88 fr. 60.

RS = Prix du transport = $2 \times 1 \times 4$ mil. 6 = 9 fr. 20.

PS = Prix du millier de tuyaux rendus sur les chantiers à 16 kil. de distance de la fabrique = $2 \times 1 \times 48$ mil. 90 = 97 fr. 80.

Inutile de dire qu'une courbe spéciale doit être établie pour chaque fabrique, ou du moins, rapportée sur la même feuille par un trait différent. Ce dernier procédé fournit en outre, un moyen commode de comparer les prix de livraison des divers producteurs.

Les détails précédents suffisent pour familiariser avec l'usage des courbes, et on pourra, sans plus ample explication, en faire l'application générale.

Comme second exemple, jetons les yeux sur la planche IX.

Après avoir, par des sondages et des études, bien constaté

la nature du sol, et le degré d'assainissement à obtenir dans une propriété, j'admets qu'on ait arrêté que les tranchées devront avoir une profondeur de 1^{m}25. Je cherche (ou je trace au besoin) l'ordonnée MN qui, entre la ligne des abscisses et la courbe n° 1 des profondeurs, aura la hauteur ci-dessus de 1^{m}25, et, de suite, je vois que dans les conditions moyennes l'espacement correspondant, ou l'abscisse OM, est de 15 mètres.

L'ordonnée MP, prolongement de MN, me donnera 269 fr. 23 c. pour le prix de revient du drainage de 1 hectare avec tuyaux sans manchons.

L'ordonnée MR représentera ce même prix avec addition de manchons, soit 309 fr. 80 c.

La différence PR représentera l'augmentation de prix due à l'emploi du manchon.

Disons, en passant, qu'en traçant ce tableau, je me suis aperçu tout d'abord que ces différences PR, ou l'augmentation résultant de l'addition des manchons, suivaient dans leur décroissance, une loi assez régulière ; une fois sur la voie, il m'a été facile de constater que ces augmentations sont, en moyenne, de 16 p. 0/0 du prix de revient par hectare donné par la courbe n° 2 ; les calculs faits à priori ont oscillé entre les limites extrêmes 0,175 et 0,147 p. 0/0.

Nous avons vu que quelques-uns des chiffres des tableaux rapportés à l'échelle sur les planches VIII et IX, ne cadraient pas exactement avec les courbes. Ces anomalies se comprennent facilement.

Les unes serviront, je le répète, à rectifier les éléments constitutifs des tableaux précités, c'est-à-dire les écartements des tuyaux adoptés à priori pour une profondeur donnée, puis les épaisseurs de ces tuyaux, correspondantes aux diamètres et variant avec ces derniers d'après la loi plus régulière que nos courbes représentent graphiquement (1).

D'autres anomalies tiennent à des essais ou à une discordance entre des expériences qui n'ont pu être contrôlées.

Ainsi (planche VIII), pour le tuyau n° 1, du plus petit calibre, on a, à titre d'essai, et sur ma demande, réduit l'épaisseur à sa limite inférieure. Le tuyau n° 2, d'un diamètre de 0,288, a une épaisseur usuelle de.   . 0,008

A celui n° 1, d'un diamètre de 0,0264, si peu différent du n° 2, on a donné l'épaisseur anormale de . . . 0,0048

Le poids de ce tuyau ainsi brusquement amoindri doit donc former un soubresaut dans la courbe.

Il en est de même, et dans un autre sens, pour le drain n° 7. La filière, qui le produit, a une épaisseur proportionnellement considérable. Son diamètre 0,066 ne diffère que de 4 millimètres de celui n° 6 et cependant les épaisseurs sont dans le rapport de $\dfrac{n° 6}{n° 7} = \dfrac{0,0105}{0,0120}$

Ce n° 7 a une épaisseur sensiblement égale à celle du n° 8, de 0,10 de diamètre.

Le poids du n° 7 doit se ressentir de cet excédant d'épaisseur, c'est-à-dire du cube de terre employée en trop dans sa fabrication ; il donne lieu dès-lors à un écart dans sa représentation graphique.

Sur la planche IX, l'ordonnée correspondante à la cote 12 des abscisses, c'est-à-dire à l'espacement des drains, n'aboutit pas à la courbe. Pourquoi cela ?.... Tout simplement parce que la profondeur de 1ᵐ20, admise à priori

____

(1) Les filières de la machine à fabriquer les drains seront modifiées en conséquence. Ce changement dans l'épaisseur réagira sur le prix d'achat, et transport, etc.

pour un écartement de 12^m, est trop considérable ; parce qu'on s'est trompé dans les hypothèses, dans les calculs faits pour parvenir à ce chiffre de 1^m20. Cette profondeur, donnée par l'ordonnée de la courbe, est de 1^m10 seulement; c'est cette dernière que, désormais, j'appliquerai générale-lement dans mes projets, et cela, jusqu'à nouvelle preuve d'erreur.

Auxerre, le 15 août 1856.

HERNOUX.

ANNEXE Nº 4.

Loi du 14 floréal an XI (4 mai 1803)

Sur le curage et l'entretien des rivières non navigables.

« Art. 1ᵉʳ. Il sera pourvu au curage des canaux et rivières non navigables, et à l'entretien des digues et ouvrages qui y correspondent, de la manière prescrite par les anciens règlements ou d'après les usages locaux.

» Art. 2. Lorsque l'application des règlements ou l'exécution du mode consacré par l'usage éprouvera des difficultés, ou lorsque les changements survenus exigeront des dispositions nouvelles, il y sera pourvu par le gouvernement dans un règlement d'administration publique, rendu sur la proposition du préfet du département, de manière que la quotité de la contribution de chaque imposé soit toujours relative au degré d'intérêt qu'il aura aux travaux qui devront s'effectuer.

» Art. 3. Les rôles de répartition des sommes nécessaires au payement des travaux d'entretien, réparation ou reconstruction, seront dressés sous la surveillance du préfet, rendus exécutoires par lui, et le recouvrement s'en opérera de la même manière que celui des impositions publiques.

« ART. 4. Toutes les contestations relatives au recouvrement de ces rôles, aux réclamations des individus imposés, et à la confection des travaux, seront portés devant le conseil de préfecture, sauf le recours au gouvernement, qui décidera en Conseil d'Etat. »

ANNEXE N° 5.

Loi du 10 Juin 1854

Sur le libre écoulement des eaux provenant du Drainage.

Art. 1er. Tout propriétaire qui veut assainir son fonds, par le drainage ou autre mode d'asséchement, peut, moyennant une juste et préalable indemnité, en conduire les eaux souterrainement ou à ciel ouvert, à travers les propriétés qui séparent ce fonds d'un cours d'eau ou de toute autre voie d'écoulement.

Sont exceptés de cette servitude les maisons, cours, jardins, pavés et enclos attenant aux habitations.

Art. 2. Les propriétaires des fonds voisins ou traversés ont la faculté de se servir des travaux faits en vertu de l'article précédent, pour l'écoulement des eaux de leurs fonds.

Ils supportent dans ce cas :

1° Une part proportionnelle dans la valeur des travaux dont ils profitent ;

2° Les dépenses résultant des modifications que l'exercice de cette faculté peut rendre nécessaires ; et 3° pour l'avenir, une part contributive dans l'entretien des travaux devenus communs.

Art. 3. Les associations de propriétaires qui veulent, au moyen de travaux d'ensemble, assainir leurs héritages par le drainage, ou tout autre mode d'assèchement, jouissent des droits et supportent les obligations qui résultent des articles précédents. Ces associations peuvent, sur leur demande, être constituées, par arrêtés préfectoraux, en syndicats auxquels sont applicables les articles 3 et 4 de la loi du 14 floréal an XI.

Art. 4. Les travaux que voudraient exécuter les associations syndicales, les communes ou les départements pour faciliter le drainage ou tout autre sorte d'assèchement, peuvent être déclarés d'utilité publique, par décret rendu en Conseil d'Etat.

Le règlement des indemnités dues pour expropriation est fait conformément aux paragraphes 2 et suivants de la loi du 21 mai 1836.

Art. 5. Les contestations auxquelles peuvent donner lieu l'établissement et l'exercice de la servitude, la fixation du parcours des eaux, l'exécution des travaux de drainage ou d'assainissement, les indemnités et les frais d'entretien, sont portées en premier ressort devant le juge de paix du canton, qui, en prononçant, doit concilier les intérêts de l'opération avec le respect dû à la propriété.

S'il y a lieu à expertise, il pourra n'être nommé qu'un seul expert.

Art. 6. La destruction totale ou partielle des conduits d'eau ou fossés évacuateurs, est punie des peines portées à l'article 457 du même code.

L'article 463 du code pénal peut être appliqué.

Art. 7. Il n'est aucunement dérogé aux lois qui règlent la police des eaux.

ANNEXE N° 6.

Extrait de la loi du 28 Juin 1856.

AVANCE DE 100 MILLIONS A L'AGRICULTURE POUR LE DRAINAGE.

TITRE PREMIER.

Encouragements donnés par l'État.

Art. 1er. Une somme de cent millions (100,000,000 fr.) est affectée à des prêts destinés à faciliter les opérations de drainage.

Un article de la loi de finances fixe, chaque année, le crédit dont le ministre de l'agriculture, du commerce et des travaux publics peut disposer pour cet emploi.

Art. 2. Les prêts effectués en vertu de la présente loi sont remboursables en vingt-cinq ans, par annuités comprenant l'amortissement du capital et l'intérêt calculé à 4 p. 0/0.

L'emprunteur a toujours le droit de se libérer, par anticipation, soit en totalité, soit en partie.

Le recouvrement des annuités a lieu de la même manière que celui des contributions directes.

Les titres II et III sont consacrés au privilége du trésor

public sur les terrains drainés et sur leurs récoltes et revenus, et sur le mode de conservation de ce privilége.

TITRE IV.

Dispositions générales.

Art. **9.** Si une opération de drainage aggrave les dépenses d'un cours d'eau réglées par la loi du **14** floréal an **XI**, les terrains drainés sont compris dans les propriétés intéressées et imposés conformément à cette loi.

Art. **10.** Un règlement d'administration publique détermine les conditions et les formes des prêts faits par le trésor public, les mesures propres à assurer l'emploi des fonds provenant de ces prêts à l'exécution des travaux de drainage, les formes de la surveillance de l'administration sur l'exécution et l'entretien des travaux de drainage effectués avec les prêts faits par le trésor public, et en général toutes les mesures nécessaires à l'exécution de la présente loi.

ANNEXE N° 7.

*(Extrait du Recueil des Actes administratifs de la Préfec-
ture de l'Yonne.)*

Instructions sur le Drainage.

Auxerre, le 15 juin 1856.

A MM. les Sous-Préfets et Maires.

Parmi les améliorations agricoles qui sont appelées à
augmenter la force productive de notre pays et à diminuer
l'intensité des crises alimentaires, il en est une à laquelle
mes études et mon expérience personnelle me portent à
attacher une importance de premier ordre, je veux parler
de l'assainissement et de l'aération des terres rétentives et
compactes par le drainage. Dans le département de l'Yonne,
160,000 hectares de terrains pourraient être notablement

6

améliorés par des opérations de drainage bien entendues. Je compte, Messieurs, sur votre concours actif et éclairé pour répandre dans vos arrondissements et vos communes la pratique d'une opération qui sera tout à la fois un immense bienfait pour les ouvriers auxquels elle assurera un travail à la portée de tous, et une source de bien-être et de richesse pour les cultivateurs qui entreront dans la voie féconde que vous leur ouvrirez.

Déjà sur plusieurs points du département des travaux ont été exécutés avec un succès qui a porté la conviction dans les esprits les plus craintifs et les plus incrédules. Mais un grand nombre de personnes sont arrêtées par la difficulté de préparer les plans des opérations, par l'absence d'ouvriers spéciaux et par la crainte fort légitime de faire, par inexpérience, des dépenses plus considérables que celles qu'entraînerait une opération conçue avec intelligence et exécutée avec économie. Je me suis préoccupé de ces difficultés. MM. les Ingénieurs des ponts et chaussées, dont le dévouement ne recule devant aucun travail utile, sont disposés à mettre leurs connaissances spéciales et leur expérience au service de l'agriculture. M. l'Ingénieur en chef Hernoux a lui-même suivi avec moi plusieurs opérations de drainage destinées à nous faire connaître la mesure exacte et pratique du concours qui pouvait être prêté aux propriétaires par l'administration, et j'ai, de concert avec ce chef de service, arrêté les dispositions suivantes que je vous prie de porter, par tous les moyens possibles, à la connaissance de vos administrés.

MM. les Ingénieurs et agents sous leurs ordres prêteront leur concours à tous les propriétaires qui en feront la demande; les opérations préliminaires sur le terrain, les projets et plans de drainage, la direction des ateliers, en un mot tout ce qui peut faciliter le succès des travaux à entreprendre pour l'assainissement, l'amélioration générale et la fertilisation des terrains, sera fourni GRATUITEMENT et à BREF DÉLAI.

Grâce à l'intervention d'hommes pratiques et expérimentés, les plans de drainage seront préparés dans les conditions les plus économiques et les mieux appropriées aux différentes natures de terrain : l'administration évitera ainsi aux propriétaires inexpérimentés les embarras, les incertitudes, les causes d'insuccès et les dépenses inutiles dans des opérations qui sont encore nouvelles pour beaucoup de personnes.

Je me suis également préoccupé des difficultés que peuvent trouver les propriétaires à former des ouvriers au travail nouveau pour eux des opérations de drainage. Des hommes formés sous la direction de l'administration et capables de diriger un atelier, pourront être mis à la disposition des propriétaires pendant le temps nécessaire pour donner aux gens du pays l'habitude des travaux. Ces chefs d'ateliers seront payés à raison de 3 à 4 fr. 50 c. par jour.

J'ai pris également des mesures pour procurer aux propriétaires et aux taillandiers les modèles des outils reconnus les meilleurs pour l'exécution économique et régulière des travaux. Des séries d'outils ont été achetées par moi et seront confiées sur récépissé aux personnes qui en feront la demande. La série d'outils nécessaire à un atelier de 3 hommes se compose de : (1)

(1) Les prix suivants n'étaient pas encore débattus et arrêtés lorsque la circulaire a été rédigée. (Voir pour les prix définitifs ceux de la page 81.)

1° Une grande bêche de 0^m40 de fer, manche à œil, coû-
tant moyennement   8 fr.

2° Une bêche de fond de 0^m40 de fer, à pédale, manche à œil   7

3° Une pelle en tôle   3

4° Une drague dite curette   5
                                                    ____
                                                        23 fr.

Une seule série des outils ci-après suffit pour un chantier de 5 ou 6 ateliers ;

Une drague pour collecteur à petit manche   6 f.

Une   —   —   à long manche   6   50

Une   —   pour drains ordinaires, à long manche   5 à 5   50

Un posoir à double collet   3

Un martelet à ajuster les tuyaux aux points
de rencontre   3 à 4
                                                ____
            Total   25

Enfin, des entrepreneurs ayant déjà fait leurs preuves
sous les yeux de l'administration, pourront être indiqués
aux propriétaires qui préféreraient faire drainer à forfait,
soit à tant l'hectare, soit à tant le mètre courant.

Les propriétaires qui désireront profiter des avantages
que je viens d'indiquer, devront adresser à la Préfecture,
pour l'arrondissement d'Auxerre, et aux Sous-Préfectures
pour les autres arrondissements, une pétition dont vous
trouverez le modèle ci-après.

Je compte sur votre zèle pour m'aider à propager une
amélioration dont j'attends, pour le département de
l'Yonne, les plus grands résultats. Pour vous guider vous-
mêmes dans les indications que vous aurez à donner à vos
administrés, je crois devoir résumer les signes principaux

auquel on reconnaît qu'un terrain (quelle que soit sa superficie, terre arable, vigne, pré, bois, etc.), a besoin d'être
drainé :

1° Lorsqu'après la pluie l'eau séjourne à la surface ou
dans les sillons;

2° Si la culture se fait habituellement en ados ou billon ;

3° Si au printemps le terrain est élastique ou mou ;

4° Si on ne peut commencer que tardivement les labours
de printemps ;

5° Si on ne peut labourer que dix ou quinze jours après
une pluie abondante, et si les labours sont difficiles ;

6° Si la terre s'attache aux pieds, si le bétail y enfonce ;

7° Si les jeunes plants sont sujets à la gelée, et si après
les gelées et dégels ils sont soulevés et déchaussés ;

8° Si l'on rencontre des plantes parasites telles que pas-
d'âne, sauge, queue-de-cheval, persicaire, presle, cocho-
nette, menthe, narcisse, laiche, iris, colchique ou tue-
chien, mousses, etc.

Bien que les effets favorables du drainage soient aujour-
d'hui de notoriété publique, je crois devoir rappeler les
principaux résultats de cette opération, afin que vous soyez
à même de les faire connaître avec exactitude à vos administrés.

Le drainage enlève aux terres arables l'excès d'humidité
et fait circuler l'air dans toute la couche nécessaire à la
végétation.

Par suite, les labours peuvent se faire en tout temps et
dans une terre toujours meuble, ce qui diminue notablement les frais de culture. Les plantes fourragères et notam-
ment la luzerne peuvent être cultivées avec succès, ce qui
assure l'alimentation de bestiaux plus nombreux, augmente les engrais, et permet un plus riche assolement.

6.

Les prairies, débarrassées d'un excès d'humidité, cessent de donner naissance aux joncs et autres plantes aquatiques qui cèdent la place aux plantes de qualité supérieure.

Les vignes poussent un bois sain, net et exempt de mousses; elles sont à l'abri de presque toutes les gelées de printemps; les vignes basses se trouvent placées, à la suite du drainage, dans des conditions analogues à celles des vignes hautes. Ainsi, on peut affirmer que, cette année, les vignes basses, si elles avaient été drainées, n'auraient pas plus souffert des gelées de mai que les vignes élevées.

Les bois acquièrent une vigueur nouvelle; la mousse disparaît des branches et du tronc; l'arbre s'accroit avec un développement deux fois plus rapide; les essences dures prennent le dessus sur le bois blanc; les racines se développent avec facilité dans une couche de terre d'une suffisante épaisseur et les futaies cessent de se couronner avant l'âge.

En un mot, les terres drainées acquièrent les avantages que présentent naturellement les terrains légers, tout en conservant la puissance de végétation particulière aux terres fortes.

Sur tous ces points, l'expérience aujourd'hui n'est plus à faire; partout les faits ont parlé et, sans tenir compte des circonstances exceptionnellement favorables, où le produit d'une seule année a été jusqu'à dépasser le prix de revient de l'opération, on peut admettre comme certain un produit qui variera entre 15 et 30 pour cent de la dépense.

Un département voisin, celui de Seine-et-Marne, nous a devancés dans la carrière et déjà il a recueilli les fruits heureux de son initiative. Grâce au concours que j'attends de vous, aux conseils et aux exemples que vous donnerez, le département de l'Yonne ne doit pas rester en arrière. Je suivrai les travaux avec le plus grand intérêt et je vous prie de me tenir exactement informé des entreprises de drainage qui seront mises à exécution dans vos communes et vos arrondissements respectifs.

Recevez, Messieurs, l'assurance de ma considération très-distinguée.

Le Maître des Requêtes, Préfet de l'Yonne,

CHAMBLAIN.

(*Timbre.*)   **Modèle de pétition.**

Monsieur le Préfet,

Le sieur   domicilié à canton de   a l'honneur de vous exposer qu'il est dans l'intention de faire drainer pièce de   sise en la commune de lieu dit   d'une contenance de portant le nº   section   du plan cadastral et dont le plan à l'échelle de   est joint à la présente demande : il vous prie, Monsieur le Préfet, de lui accorder le concours de l'administration conformément à votre circulaire du 30 juin 1856 , no-

tamment pour (dresser les plans, surveiller les travaux, fournir des chefs d'atelier, indiquer des entrepreneurs, prêter des outils, etc.)

Dans le cas où les plans produits ne seraient pas suivis d'exécution dans le délai de deux ans, il s'engage à verser dans la caisse départementale une indemnité de 15 centimes par are de la surface comprise dans le périmètre du projet.

Il désire commencer les travaux vers le du mois d

(Dater et signer.)

TABLE DES MATIÈRES.

DRAINAGE.

ANNEXES.

PLANCHE I

(Chapᵉ XII)

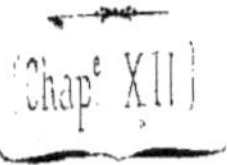

Profil relatif au fractionnement des tranchées

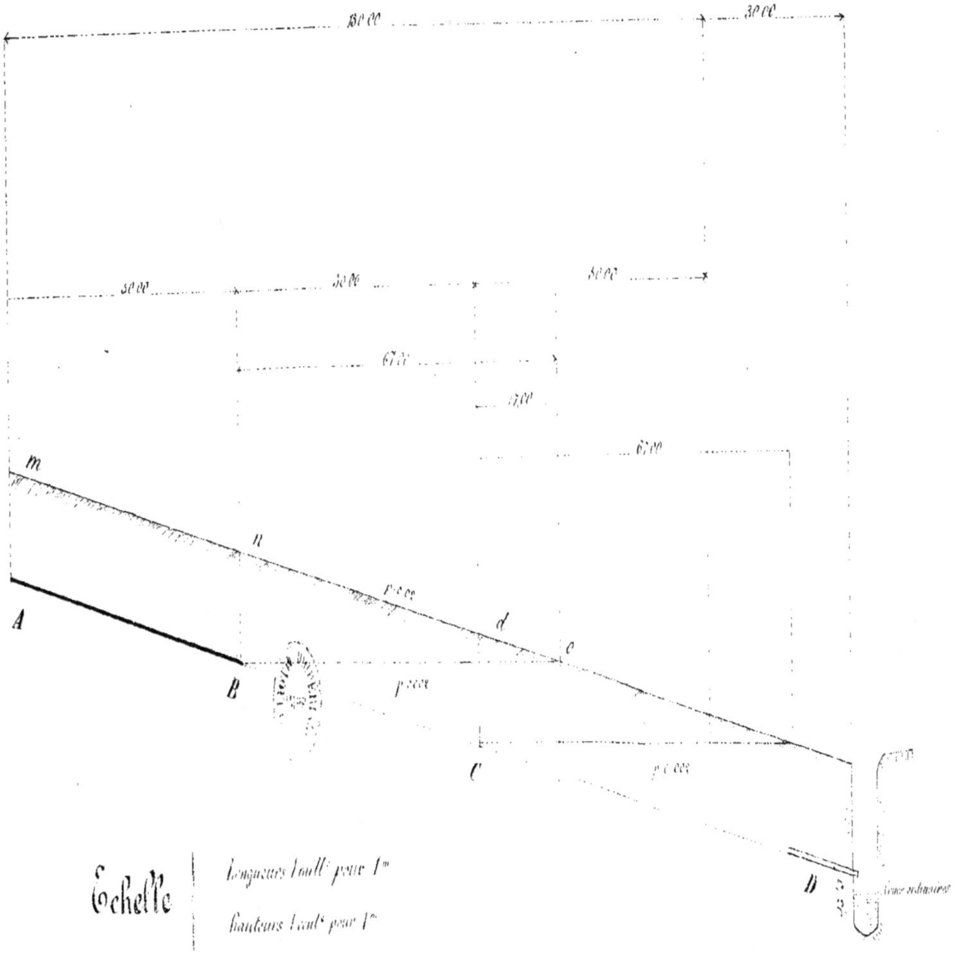

Echelle | Longueurs 1 mill. pour 1m
Hauteurs 1 mill. pour 1m

GRANDE BÊCHE DE DRAINAGE
Manche à œil.

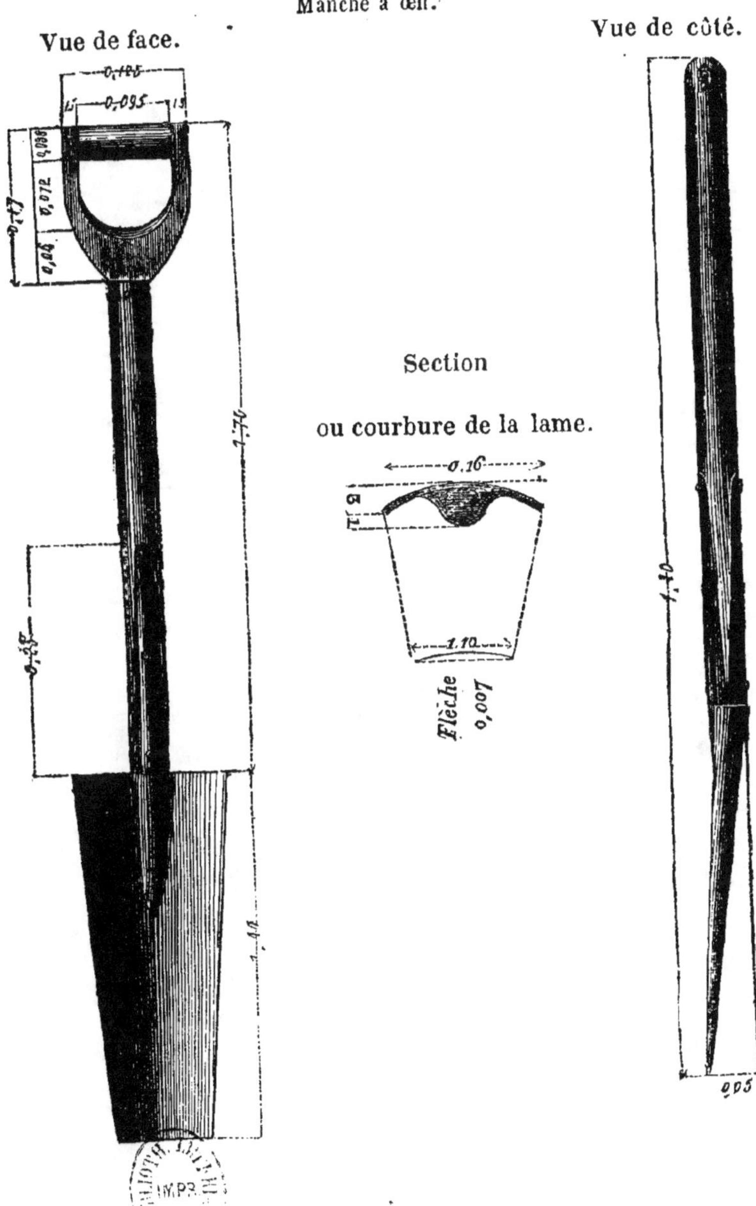

BÊCHE DE FOND A PÉDALE
Manche à œil.

Vue de face.

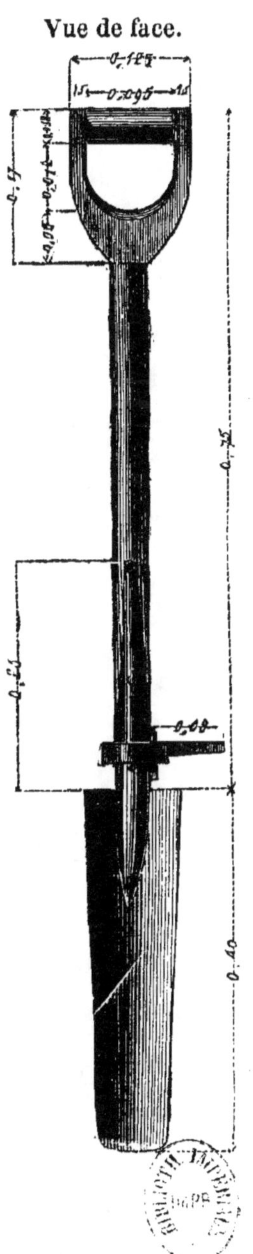

Section
indiquant la courbure
de la lame.

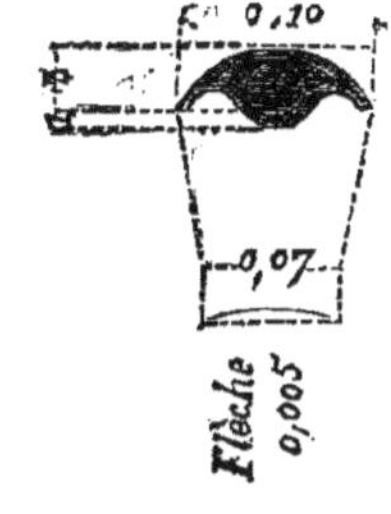

Vue de côté.

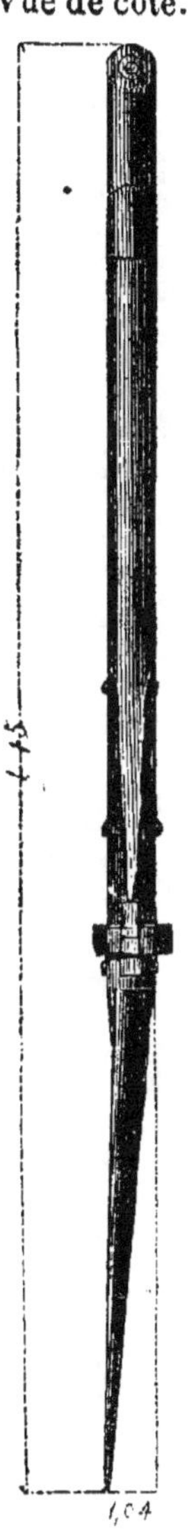

PLLLE EN TOLE A MANCHE COURBE.

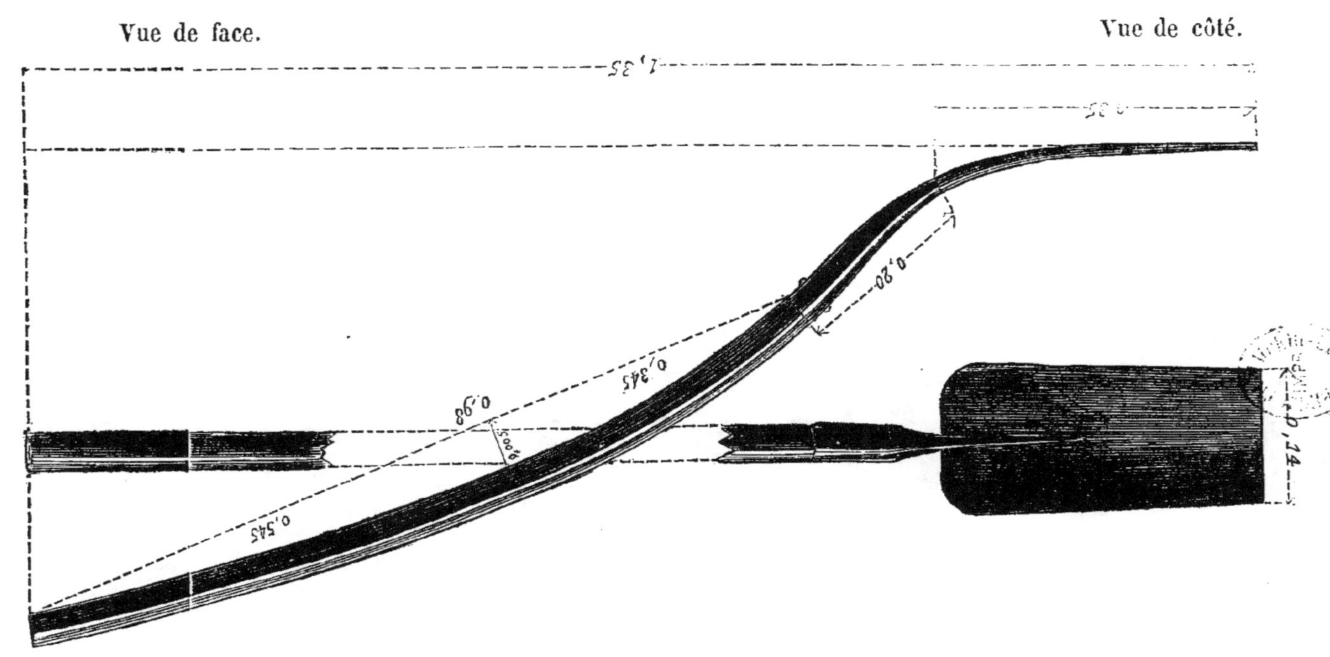

DRAGUE DITE CURETTE

à petit manche.

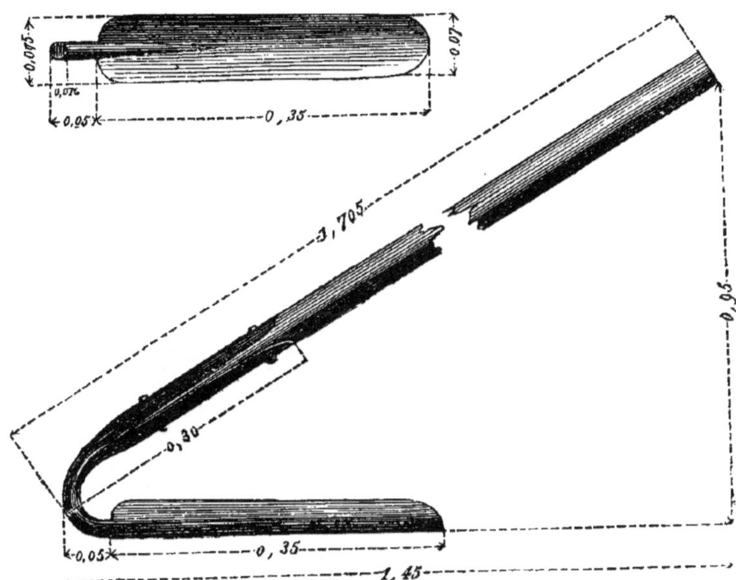

2ᵐᵉ SÉRIE.

POSOIR A MANDRIN MOBILE.

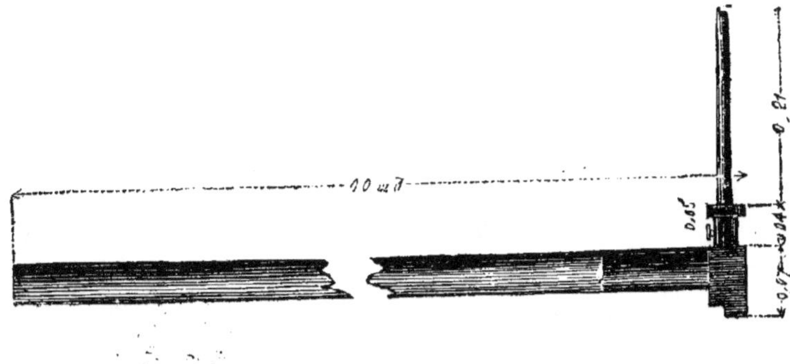

DRAGUE POUR COLLECTEUR

A petit et à long manche.

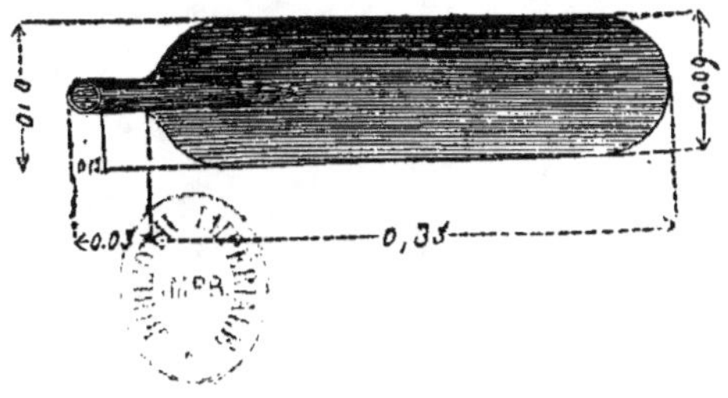

DRAGUE A LONG MANCHE

pour drains ordinaires.

MARTELET

à ajuster.

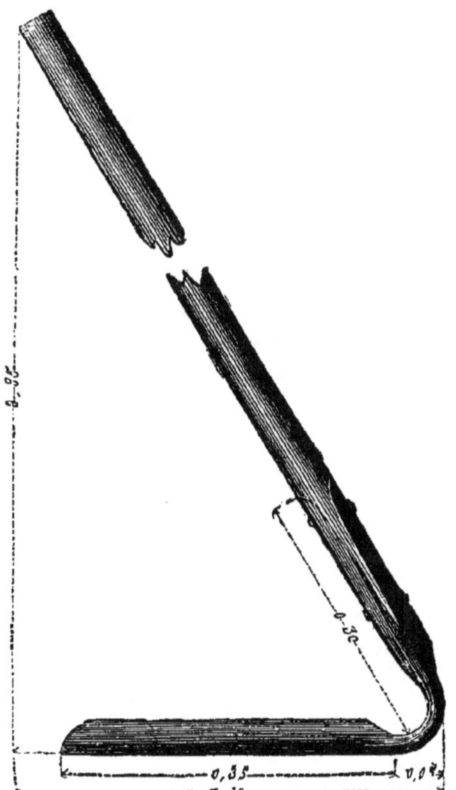

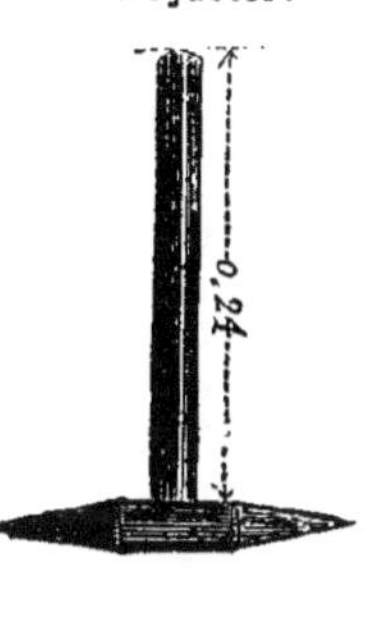

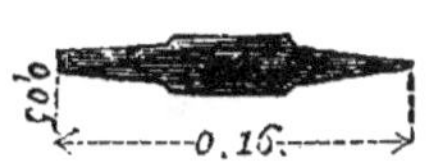

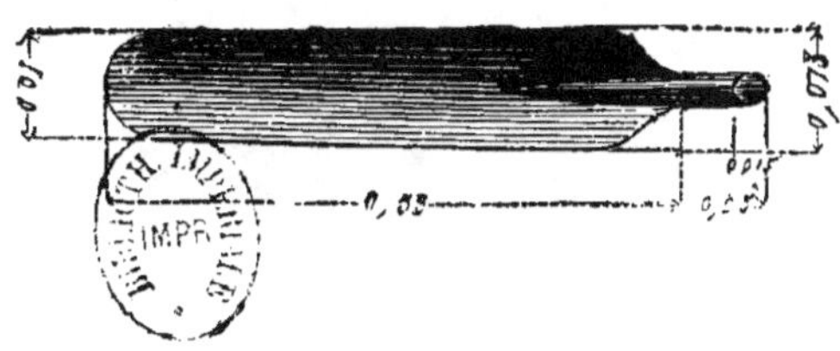

Ligne des Ordonnées
PLANCHE VIII
(Annexe N° 3)
Expression graphique des éléments du tableau page 48
Diamètres, prix et poids des tuyaux
(Fabrique de Rouvray près Héry)
ÉCHELLES
Abscisses en Diamètre de tuyaux ___ 1m pour 1m (Grandeur naturelle)
Ordonnées en Prix du millier de tuyaux ½ millimètre pour 1 Franc (Courbes N°s 2.3)
Ordonnées en pesanteur ___ id ___ 1 millimètre pour 100 kilogrammes (Courbe N°1)
INDICATION
Courbe N°1 _ Poids de 1 millier de tuyaux de 0.24 de longueur après cuisson
Courbe N°2 _ Prix ___ id ___ en fabrique
Courbe N°3 ___ id ___ transporté à Château...
Prix en fabrique
Prix exprimé en kilogrammes
N°3
N°2
N°1
Abscisse en Diamètre des tuyaux
0.0837   0.0862   0.0830   0.1002   0.1253
1 2 3 4 5 6 7 8 9 10